Wahre
Freundschaft mit
—Pferden

Für Merlin

CATHERIN SEIB

Wahre Freundschaft mit —— Pferden

ERLEBNISSE EINER TIERKOMMUNIKATORIN

MIT KOSMOS MEHR ENTDECKEN
AUS DER SICHT DER —— PFERDE
SEIT 1822

KOSMOS

INHALT

9	KAPITEL 1	Deine Liebe
12	KAPITEL 2	Das Springpferd
16	KAPITEL 3	Tierkommunikation
20	KAPITEL 4	Milans Geschichte
34	KAPITEL 5	Der Gewinner
39	KAPITEL 6	Milans neues Leben
47	KAPITEL 7	Futter und Selbstbestimmung
64	KAPITEL 8	Sprechen mit eigenen Pferden
67	KAPITEL 9	Mounas Geschichte
74	KAPITEL 10	Makanis Entstehung
94	KAPITEL 11	Wildpferdfamilie in menschlicher Haltung
99	KAPITEL 12	Der kleine Hengst – die Entscheidung
108	KAPITEL 13	Das Boxenpferd
112	KAPITEL 14	Pferdeliebe
116	KAPITEL 15	Die Seelenschnittmenge
124	KAPITEL 16	Gemeinsame Energien

130   KAPITEL 17   Der Schein von Freiheit

140   KAPITEL 18   Die Erwartungshaltung

148   KAPITEL 19   Das Training

152   KAPITEL 20   Wie Pferde sich das
                              Reiten wünschen

157   KAPITEL 21   Glückliche Pferde

165   KAPITEL 22   Die Herde

175   KAPITEL 23   Mut für Neues

180   KAPITEL 24   Die Selbstbestimmtheit

189   KAPITEL 25   Floras Heilung

196   KAPITEL 26   Der Betrunkene
                              Mexikaner

198   KAPITEL 27   Die Aufpasserin

202   KAPITEL 28   Was du für dein Pferd
                              tun kannst

208   KAPITEL 29   Die traurige Polostute

212   KAPITEL 30   Mounas Äpfel

214   KAPITEL 31   Individuelle Bedürfnisse

224   KAPITEL 32   Verkaufspferde

232   KAPITEL 33   Der schöne Moment

235   KAPITEL 34   Pferde verstehen alles

VORWORT

WIE MAN WIRKLICH ZUHÖRT

Was wäre, wenn du mit deinem Pferd sprechen könntest? Wenn du wirkliche, richtige Gespräche mit ihm führen könntest? Mit Fragen, auf die du Antworten erhältst. Was wäre, wenn dein Pferd wirklich eine Meinung hätte? Wenn dein Pferd Dinge wüsste, die du nicht weißt. Was, wenn dein Pferd vieles mit dir teilen wollte, was du dir gar nicht erdenken oder vorstellen könntest? Dinge, die so präzise und tiefgründig sind, dass kein Pferdeverhaltenstrainer sie jemals ablesen könnte? Was, wenn du eine Freundschaft zu deinem Pferd aufbauen könntest, die so innig wäre, wie du sie fast nur aus Büchern, Geschichten und Filmen kennst? Würdest du das wollen?

Für mich war und ist die Antwort auf diese Frage ein deutliches Ja. Für mich ist dieser Traum wahr geworden. Zwar nicht ganz so kitschig, wie er klingt, denn das Leben beinhaltet nicht nur Freude und Glück. Aber die Möglichkeit, auf innigste Art und Weise wirkliche Gespräche mit meinen Pferden, meinen Hunden sowie Tieren über Distanz auf der ganzen Welt zu führen, hat mein Leben grundsätzlich verändert. Ich kann sagen, dass ich ein besserer Mensch dadurch wurde und dass ich das Leben insgesamt viel besser genießen kann. Ich durfte dieses große Geschenk erhalten, diese Fähigkeit nicht nur wieder zu erlernen, sondern sie auch noch zu meinem Beruf zu machen. Seit 2009 bin ich hauptberufliche Tierkommunikatorin, arbeite vor allem als Lehrerin der Tierkommunikation und durfte Tausenden von Menschen und ihren Tieren helfen, sich besser zu verstehen. Seit ein paar Jahren bin ich ausschließlich auf Pferde spezialisiert. Weil ich ein Pferdemensch bin, so bin ich schon auf die Welt gekommen. Andere Kinder spielten Familie, ich spielte Pferdehof. Meine Barbie-Puppe besaß 14 verschiedene Plastikpferde, sonst nichts.

Es war mein ausformulierter Wunsch, so mit Menschen und Tieren zu arbeiten, dass sie sich gegenseitig besser verstehen und ihnen geholfen wird. Diesen Wunsch habe ich während meiner Ausbildung zur Zootierpflegerin aufgeschrieben und ganz weit unter meiner Schreibtischunterlage verstaut, lange bevor ich wusste, dass es so etwas wie Tierkommunikation überhaupt gibt. Ich hätte mir nie erträumt, dass man telepathisch mit Tieren wahrhaftig sprechen kann. Jahre später fand ich diesen Zettel bei einem Umzug wieder und war selbst davon überrascht, wie gut ich diesen Wunsch manifestiert hatte.

Wenn es dein Wunsch ist, mit Pferden oder Tieren generell zu sprechen, dann hast du mit dem Lesen dieses Buches gerade einen von vielen Schritten dahin getan, dem Universum bei der Erfüllung deines Lebensinhalts zu helfen. Dazu gratuliere ich dir. Danke im Namen der Pferde, dass du dich dem widmest.

KAPITEL 1
DEINE LIEBE

Kommen wir gleich zur Sache: Wir sind hier, um zu lieben. Und was wäre einfacher, als dieses wunderbare, freiheitsliebende, kraftvolle, sanfte und wunderschöne Pferd von ganzem Herzen zu lieben? Das Pferd kann der Schlüssel zu deiner eigenen Erfüllung sein, dein Lebenslehrer, dein Meister. Alles, was du dafür tun musst, ist, in Kontakt zu gehen.

Alles ist miteinander verbunden, alles ist eins. Das hast du schon mal gehört und vielleicht kommt es dir wie eine Plattitüde vor. Aber es ist wirklich so. Du bist kein Denkapparat mit abgegrenztem Körper. Du bist das Produkt aller Gedanken und Energien und Geschichten derer, die um dich herum waren, sind und sein werden. Du denkst die Glaubenssätze deiner Eltern, du empfängst die Atmosphäre deines Arbeitsplatzes, du absorbierst die Emotionen deines Gegenübers. Du hörst Gedanken anderer und passt deine Gedanken dem an, was andere denken. Unbewusst vielleicht, aber du tust es. Je bewusster du die Verbindungen zu allem lebst, was in dein Leben kommt, umso glücklicher machst du dich und alle, mit denen du verbunden bist.

Du bist kein Opfer deiner Umwelt, sondern du bist Schöpfer dessen, was sich in deinem Licht zeigt. Alles, was du tun musst, ist, ein bewusster Sender deiner Gedanken zu werden und dir bewusst zu werden, was du denkst.

Der Sinn des Lebens ist es, deine Nächsten zu lieben. Deine Lebensfreude wächst aus deiner Wahrnehmung und Wertschätzung dessen, was um dich herum besteht. Die Liebe, die du gibst, entspringt aus deiner Seele und macht damit nicht nur dein Gegenüber glücklich, sondern klingt auch immer in dir. Dein innerer Frieden und deine Glückseligkeit entstehen, wenn du das Glück des Momentes genießen und die Dankbarkeit hierfür spüren kannst.

Dein Pferd ist ein Meister darin, den Moment zu erleben, wenn es nicht gerade durch Menschenhand dazu verdammt wurde, in einer ständigen Traumaerinnerung zu verharren. Du tust ihm den allergrößten Gefallen, wenn du mit ihm gemeinsam die besten Momente eures Lebens erlebst. Ganz bewusst, verbunden und in Liebe. Wenn du das auch nur ansatzweise schaffst, schenkst du deinem Pferd und dir einen Lebenssinn. Alles, was dir gemeinsam mit deinem Pferd widerfährt – alle Höhen und Tiefen –, passiert aus genau diesem Grund, damit du lernst, anzunehmen und zu genießen, was ist. Du bist ein Teil deines Pferdes und dein Pferd ist ein Teil von dir. Was für ein Geschenk! Was das bedeutet und wie das geht, darum geht es in diesem Buch.

Ich wollte es dir eigentlich leicht machen und ein lockeres Buch schreiben über die Einfachheit des Sprechens mit Tieren. Eine unterhaltsame Aufklärung über die Telepathie mit Pferden. Bodenständig, pferdemenschorientiert und für jeden verständlich. Darüber, was Pferde so denken, sagen und wünschen. Aber so einfach ist es nicht, es geht tiefer. Es geht hier immer nur um eins, nämlich um die Liebe zwischen deinem Pferd und dir und wie ihr sie lebt. Pferde sind Tiere, die unsere Sehnsucht nach Freiheit, Gemeinschaft, Schönheit und Lebendigkeit erwecken. Pferde stehen für Bewegung, Kraft und Leidenschaft. Pferde sind die gelebte Liebe, wenn wir sie Pferde sein lassen.

Liebe ist Grundlage deines Lebens. Ohne Liebe bist du kein Mensch, ohne Liebe bewegt sich nichts. Ohne Liebe sterben wir. Du brauchst Liebe für Leidenschaft, Lebensfreude, Selbstliebe, Familie, Weiterentwicklung und für erfülltes Arbeiten. Du brauchst Liebe für dein Pferd. Du musst deshalb nicht den ganzen Tag auf der Weide sitzen und deinem Pferd Liebeslieder vorsingen, obwohl das definitiv helfen würde. Aber verschließe bitte nicht die Augen vor diesem großen Wort. Du bist Liebe. Lass dein Pferd dein Helfer sein, sie zu leben.

Ich möchte dir eine Geschichte erzählen. Die Geschichte meines Lebens als Pferdeflüsterin. Du wirst in diesem Buch lesen, was ich aus 12 Jahren Pferdegesprächen gelernt habe. Ich berichte in diesem Buch von Fallgeschichten mit Kundenpferden, über Fachthemen aus der Sicht der Pferde und aus dem Leben meiner Pferde und meinem eigenen und von unserer Verbindung.

KAPITEL 2

DAS SPRINGPFERD

Eine Zeitlang habe ich für eine berühmte Springreiterin gearbeitet, die mit ihren millionenteuren Pferden in den Top fünf der Weltrangliste gelandet war. Sie jettete um die Welt und hatte den Anspruch, mit ihren Pferden liebevoll und im Einverständnis umzugehen, weil sie diejenigen waren, die sie zu den hochpreisigen Siegen führen sollten. Sie hatte die Idee, dass glücklichere Pferde auch leistungsstärker wären, und sie hatte Recht. Sie tat alles für diese Pferde und sie bekamen auch alles, was sie brauchten und wollten. Ich begleitete diese Reiterin auf mehrere Turniere und half ihr, indem ich mehrmals täglich Rücksprache mit den Pferden hielt, um sicherzustellen, dass sie alles hatten, was sie brauchten, und um sie immer gut zu informieren.

Ich habe sehr viel daraus gelernt. Bevor ich diese Pferde kannte, hätte ich niemals gedacht, dass es Pferde gibt, die sich tatsächlich wohl, richtig und zuhause fühlen in diesem Hochleistungspferdesport. Rein gefühlt und aufgrund meiner Beobachtungen auf diesen Turnieren muss ich sagen, dass zirka 90 Prozent der Pferde dort nicht aus eigener, überzeugter Motivation diese hohen Leistungen bringen, sondern natürlich angstgesteuert und durch Druck springen und dabei so schnell wie möglich durch den Parcours hetzen. Viele dieser Pferde sind extrem verunsichert und heilfroh, wenn sie so ein Turnier überlebt haben. Sie geben einfach alles, was sie haben. Weil sie Angst haben draufzugehen, wenn sie es nicht tun. Vermutlich haben sie teilweise damit auch Recht.

Die Pferde der Reiterin, für die ich arbeiten durfte, waren anders. Fast alle von ihnen lebten dafür, gut im Springen zu sein. Sie kannten es nicht anders, waren stolz auf sich und zogen ihr Selbstbewusstsein aus dem, was sie für ihren Menschen leisten konnten. Sie fühlten sich wichtig, geliebt und erfolgreich. Sie empfanden sich als ziemlich tolle Pferde und lebten ihren Bewegungsdrang gut aus. Sie waren wie richtige Hochleistungssportler, die ihren Lebenssinn daraus ziehen, sich immer neu zu beweisen. Sie hatten Spaß am Wettbewerb. Natürlich hatten sie alle unterschiedliche Charaktere und zogen ihren Willen aus anderen Teilbereichen, aber alle, bis auf eines, waren wirklich mit vollem Herzen dabei. Sie waren gewillt, alles für ihre sie liebende Besitzerin mit ihr zusammen zu erreichen. Das eine Pferd, welches einfach keinen Spaß mehr daran finden konnte und sich nach einem Ausstieg aus dem Sport sehnte, durfte dann tatsächlich ein Leben als geschätztes Freizeitpferd beginnen.

Einmal war ich auf dem Hamburger Derby dabei, um diese Reiterin mit einem ihrer Pferde zu begleiten. Es war eine recht junge, auf großen Turnieren unerfahrene Stute. Sie war wunderschön, grazil, gefärbt wie ein Reh im schönsten Haselnussbraun mit einem sehr edlen Kopf. Es war eine liebliche und gleichzeitig feurige, energiegeladene Stute, die es gern richtig machte und die sehr intelligent war. Sie hatte einen schnellen, beweglichen Körper, konnte wie ein Flummi springen und pfeilschnell durch den Parcours flitzen. Als ich sie dort sprach, war sie nervös und ängstlich, weil dies ihr erstes, großes Turnier mit so vielen anderen Pferden, Reitplätzen, Menschen auf dem Gelände und Menschen im Publikum war. Es war auch das erste Turnier, welches so relevant war, da viel auf dem Spiel stand.

Bevor sie geritten wurde, bekam ich den Parcoursplan. Also eine Zeichnung aus der Vogelperspektive, auf der ich sehen konnte, wie die Hindernisse auf dem Reitplatz stehen und in welcher Reihenfolge sie übersprungen werden sollten. Mir wurde erklärt, welche Stellen dabei heikel wären und wo es schwierig werden würde. Auch wurde ich befragt, wie viele Galoppsprünge die Stute zwischen zwei Hindernissen machen wollte. Ich besprach alles mit ihr und erklärte ihr immer wieder, wie sie am besten und auch am schnellsten durch den Parcours kam und wo sie besonders darauf achten musste, keine Stange zu reißen. Ich zeigte ihr auch, wie es aus ihrer Perspektive aussehen würde, wenn sie durch den Parcours galoppieren würde. Wie die Sprünge aussahen, was sie am Rand wahrnehmen würde. Später in meiner Arbeit nahm mich die Reiterin sogar mit auf den Platz. Die Springreiter dürfen vor dem Turnierstart den Reitplatz begehen und dort selbst einmal abschreiten, wie sie später über die Hindernisse springen werden. Ich ging immer direkt hinter ihr her und übertrug dann „live" an das Pferd, wie das später aussehen würde. Das stellte sich als sehr hilfreich heraus.

Als die Stute sich dann, sichtlich nervös, auf dem Abreitplatz mit viel zu vielen anderen Pferden aufwärmen durfte, machte ich ihr Mut. Ich sprach ihr gut zu, ging alles noch einmal mit ihr durch und erklärte ihr, dass sie einige Vorteile gegenüber den anderen Teilnehmern hätte dadurch, dass sie so gut informiert und vorbereitet sei. Dann ging es los. Ich war auf der Tribüne live dabei, und als die Stute startete, versorgte ich sie in Echtzeit mit den abgesprochenen Informationen und erinnerte sie an alles, feuerte sie liebevoll an. Ich sprang in Gedanken mit. Es war unglaublich aufregend und fast unwirklich zu sehen, wie dieses Pferd genau den Anweisungen folgte, sich elegant und gekonnt um die Wendungen brachte, um alles an Zeit und Platz reinzuholen, was ging, ohne dabei durch Fahrigkeit die Hürden zu reißen. Sie kam als Schnellste mit null Fehlerpunkten durchs Ziel. Sie hatte gewonnen. Die beste Erinnerung an diese Zeit ist die, als diese Stute bei der Siegerehrung vor Stolz fast platzend dastand und eindeutig lächelte. Sie nahm den Applaus und den Moment des Ehrens so intensiv in sich auf, sie war so glücklich und euphorisch, stand dabei perfekt still wie eine Statue. Es war so ein großes Erfolgserlebnis für sie, dass es mich zu Tränen rührte. Sie war gewachsen. Sie ging die Ehrenrunde voran mit diesem Lächeln und war das glücklichste Pferd an diesem Tag.

Ich hatte noch einige, ähnliche Erlebnisse mit dieser Reiterin und ihren Pferden. Einmal nahm sie mich sogar mit nach Kanada, wo wir an einem mehrtägigen, riesigen, international sehr wichtigen Turnier teilnahmen. Mit ihren beiden Pferden erarbeitete die Reiterin sich auf diese Art und Weise unserer Zusammenarbeit am Ende den zweiten Platz von zirka 50 Teilnehmern. Fast wäre sie Erste geworden, aber sie hatte einen kleinen „Fluch" auf sich lasten, durch den sie am letzten Hindernis des letzten, entscheidenden Rittes immer eine Stange riss. Aber das war ihr Fehler, nicht der ihrer Pferde.

Es gibt auch in anderen Bereichen, nicht nur im Pferdesport, Pferde, die sich stolz über das definieren, was sie mit ihrem Menschen gemeinsam erreichen oder erarbeiten. Meistens sind das Pferde, die es nicht anders gelernt haben, als dass ihre Leistung sie definiert. Viele knicken darunter ein, aber andere finden auch Gefallen daran, wenn man sie liebt.

KAPITEL 3
TIERKOMMUNIKATION

Als Tierkommunikatorin spreche ich seit 2009 mit Tieren. Tierkommunikation ist Telepathie, also Gedankenübertragung, mit Tieren. Tierkommunikation ist nicht: Pferdefachwissen, Exterieurbeurteilung, Verhaltenskunde oder Manipulation durch Training. Tierkommunikation ist ein tatsächlicher Gedankenaustausch und bedeutet, dass ein richtiges Gespräch im Geiste stattfindet. Seit vielen Jahren bin ich als Tierkommunikatorin auf Pferde spezialisiert, mittlerweile biete ich nur noch Pferdegespräche an. Diese finden meistens telefonisch statt, denn für Telepathie ist die Distanz völlig irrelevant. Es ist hierbei ganz egal, ob ein Pferd neben mir steht oder in Australien lebt. Die Verbindung, die ich im Geiste herstellen kann, ist immer von gleichbleibender Qualität.

Für ein Pferdegespräch benötige ich ein Foto des Pferdes, auf dem sein Gesicht erkennbar ist. Theoretisch geht es auch mit einem Foto, auf dem nur der Hintern zu sehen ist. Oder sogar ganz ohne Foto. Aber leichter für mich und für den Besitzer irgendwie nachvollziehbarer ist es doch mit einem guten Pferdeportrait. Das Aufnahmedatum des Bildes spielt hierbei keine Rolle, es kann auch ein älteres Foto sein. Das Foto dient nur der Kontaktaufnahme. In etwa so wie eine Telefonnummer. Ich weiß, wenn ich dieses Foto ansehe, dass ich genau mit diesem Pferd sprechen werde. Und das reicht dann schon. Mit geschlossenen Augen stelle ich mir das Pferd vor und dann beginnt so etwas wie ein kleiner Tagtraum, nur mit dem Unterschied, dass ich nicht träume und dass es nicht meine eigenen Gedanken sind, die mir dann durch den Kopf gehen. Alle für mich vorstellbaren Sinne können teilhaben an diesem Pferdegespräch. Ich kann vor meinem inneren Auge Bilder oder bewegte Szenen sehen, ich kann Emotionen fühlen oder Körperliches nachspüren. Ich bekomme manchmal Geschmäcker oder Gerüche in den Sinn oder aber ich weiß einfach eine bestimmte Information, ohne dass ich sicher sagen kann, wie ich sie vermittelt bekommen habe. Meistens höre ich sogar eine Stimme und nehme ganze Sätze von dem wahr, was das Pferd sagen möchte. Ein Pferd spricht natürlich kein Deutsch oder Englisch, aber dennoch denkt es komplex und diese komplexen Gedanken werden dann in meinem Gehirn automatisch für mich in sinnvolle Sätze übersetzt.

Wenn ein Pferd also vielleicht Hunger hat und auf sein Futter wartet, kombinieren sich diese Gedanken zu einem Satz wie zum Beispiel „Ich habe großen Hunger, man lässt mich warten, wann ist es denn so weit?" Diese sprachlichen Ausdrücke sind manchmal sogar charakterlich eingefärbt, sodass die Wortwahl bei einem besonders intelligenten Pferd etwas gewählter ausfallen kann oder bei einem humorvollen Pferd witziger klingt.

Die Pferdebesitzer stellen mir Fragen, die ich dann genau so an das Pferd weitergebe. Alles, was das Pferd darauf antwortet, vermittele ich dann dem Menschen. Weil dies am einfachsten geht, wenn ich dabei Ruhe habe, arbeite ich meistens von Zuhause aus und führe die Pferdegespräche direkt während des Telefonats aus. So kann der Mensch jederzeit Rückfragen stellen. Außerdem ist es für den Kunden dann nachvollziehbarer, dass ich tatsächlich mit seinem Pferd spreche. Irgendetwas aus den von mir übermittelten Informationen wird ihm wahrscheinlich beweisen, dass ich mir die ganze Sache nicht nur ausdenke. Denn den Stall und die Lebensumstände oder den körperlichen und charakterlichen Eindruck des Pferdes aus einem echten Treffen kenne ich somit nicht.

Manchmal komme ich zu den Menschen und Pferden in den Stall, weil sie Hilfe vor Ort brauchen. Dann übersetze ich beispielsweise direkt während eines Rittes oder eines Spaziergangs, damit der gegenseitige Umgang leichter und einvernehmlicher wird.

Tierkommunikation ist absolut kein Hexenwerk. Es ist nichts Mystisches, sondern eine ganz natürliche, bodenständige Sache. Nur, weil unsere Gesellschaft uns vermittelt, dass es so etwas nicht geben würde, heißt es nicht, dass unser Körper es nicht dennoch sofort könnte, wenn man ihn ließe. Deshalb gebe ich so gern Kurse, deshalb lebe ich dafür, Menschen zum Pferdeflüsterer auszubilden: Es ist so einfach, die Telepathie mit Tieren für sich wieder in Gang zu setzen. Meine Schüler kommen zu mir mit Neugierde, dem Wunsch, wirklich mit Pferden sprechen zu können, und manchmal auch mit vielen Selbstzweifeln. Ich bringe es jedem bei, denn man braucht dazu tatsächlich nichts mehr, als den Willen, es zu versuchen. Die Fähigkeit zur Tierkommunikation ist keine Gabe, die einigen vorbehalten wird. Sie ist ein natürlicher Sinn, den wir alle mehr oder weniger bewusst nutzen.

Es sind also tatsächlich im Geiste geführte Gespräche, die ich mit den Pferden führe. Es gibt dabei keine Grenzen bezüglich der Fragestellungen oder bezüglich dessen, was Pferde wissen könnten oder was sie sagen wollen. Noch heute verblüfft mich fast jedes Gespräch, weil ich immer wieder neu dazulerne, eine neue Sichtweise und einen Einblick in ein weiteres Pferdeleben bekomme.

Jedes Pferd ist so außerordentlich individuell. Das weiß jeder, der ein Pferd in sein Herz geschlossen hat. Mit den Pferden wirklich sprechen zu können, ist das größte Geschenk meines Lebens.

Tierkommunikation ist etwas, wie der Name schon sagt, das mit jedem Tier funktioniert. Die kommunikative Verbindung zwischen verschiedenen Spezies dieses Planeten ist immer möglich. Urvölker haben dieses Wissen nie vergessen, sie kommunizieren untereinader telepathisch auf der Jagd und setzen sich auch mit Wesen ihres Umfeldes telepathisch in Verbindung. Ob ich nun also mit einem Pferd spreche oder aber mit einem Hund, einer Katze oder einer Ameise, es bleibt immer derselbe Kommunikationsweg. Genau deshalb ist es auch unwichtig, ob man ein „Pferdeexperte" oder ein Biologe oder ein Hundetrainer ist, wenn man mit Tieren spricht. Es geht darum, einen wirklich reinen Kanal zu einem anderen Wesen aufzubauen und es sprechen zu lassen, ganz ohne seine eigenen Interpretationen dort hineinzubringen.

Der Grund, warum ich mich auf Pferde spezialisiert habe, ist derjenige, dass ich bei den Menschen, die mit Pferden zu tun haben, oftmals ein besonders großes Defizit in der Wahrnehmung ihres Tieres festgestellt habe. Dort ist der Bedarf also besonders groß. Natürlich bin ich außerdem geborener Pferdemensch und kann gar nicht anders, als sie zu meinem Lebensinhalt zu machen.

KAPITEL 4
MILANS GESCHICHTE

Als ich meine Stute Mouna schon ein paar Jahre hatte, zog ich auf meinen eigenen Resthof. Es war immer mein Traum gewesen, einen eigenen Hof zu haben. Mouna war außerdem in ihrem damaligen Stall nicht sehr glücklich und wünschte sich, noch mehr mit mir zusammen zu sein und weit blicken zu können. So ging es mir auch. Als wir den richtigen Hof gefunden hatten, traf ich die Entscheidung, ein zweites Pferd zu kaufen. Die Alternative wäre gewesen, Einsteller dazuzunehmen. Aber aus Erfahrung weiß ich, dass Einsteller nicht für immer bleiben, und ich wollte Mouna die Chance geben, neben mir wenigstens ein beständiges Herdenmitglied zu haben, welches nicht wieder gehen würde. Jemand, der das Pferdeleben 24 Stunden mit ihr teilt. Den sie nicht verlieren würde, egal, was kommt.

Also machte ich mich auf die Suche. Eigentlich wollte ich eine weitere Stute kaufen. Ich fand auch einige, die mir gefielen. Ich durchforstete das Internet nach allen möglichen Pferden, die irgendwie in Frage kämen. Ich besuchte sogar einige. Ich wollte einen Kompromiss machen für Mouna und mich. Es sollte ein Pferd sein, welches wir beide mögen. Schnell stellte sich heraus, dass eine Stute keine wirkliche Option für Mouna war. Ich hörte immer nur „Nein, nein, nein", wenn ich ihr die in Frage kommenden Stuten geistig präsentierte und sie um ihre Meinung bat.

So gingen wir Hunderte von Pferden durch und langsam verlor ich den Mut, jemals ein passendes Pferd für uns zu finden. Ich erweiterte die Suche um Wallache. Irgendwann gab es einen Friesen, der uns gefiel. Nur lebte dieser in Österreich und krank war er auch noch. Ich war dennoch im Kontakt mit seinem Menschen.

Und dann entdeckte ich Milan. Er sah nicht sonderlich ansprechend auf den Verkaufsfotos aus, aber Mouna ließ das erste Mal ein klares „Ja!" hören, als ich ihn ihr gedanklich präsentierte. Ich hingegen war mir nicht so sicher, ob er wirklich DAS Pferd sein sollte. Auf den Fotos sah er sehr introvertiert, unmotiviert und frustriert aus. Auf allen Fotos schaute er gleich. Sonderlich schön fand ich ihn nicht. Er war mir auch schon ein bisschen zu alt. Das einzig Gute war, dass er tatsächlich ganz in der Nähe stand, nur sechs Kilometer von uns entfernt. Es würde ja nicht weh tun, ihn mal anschauen zu gehen.

Als ich ihn das erste Mal sah, sah ich vor allem seinen Hintern. Die Besitzerin ging mit uns um ihr Haus zu der Weide zwischen den Häusern. Dort stand er höchst gelangweilt, und als er seinen Menschen rufen hörte, wollte man meinen, er überlegte, sich in Luft aufzulösen. Ich habe selten ein so genervtes, frustriertes Pferd gesehen. Die Frau lamentierte laut, dass er ausgerechnet heute ja nicht zu ihr kommen wollte, und rief seinen damals sehr unangenehmen Namen bestimmt sechs Mal. Er kam nicht. Ich durfte ihn abholen. Noch auf der Weide, als ich einen Moment mit ihm allein hatte, sagte ich zu ihm, dass ich ein neues Zuhause für ihn hätte. Mit einer Stute, die ihm auf Lebzeiten versprochen war, wenn er das wollte. Er brauche nichts dafür zu tun. Ich sagte, dass ich mich freuen würde, wenn er auch Spaß am Reiten hatte, aber dass es keine Erwartungen meinerseits gab. Er solle mir einfach zeigen, wie er sich entschied. Ob er mitwolle.

Die Frau hatte schon länger versucht, ihn zu verkaufen. Seine Geschichte schilderte sie so, dass er von einer ambitionierten Züchterin als tolles Pferd an eine noch ambitioniertere Westernreiterin verkauft wurde, die Turniere mit ihm ritt. Er konnte viel und war sehr gut in seinem Job, doch gab es ein großes Problem: Milan entschied irgendwann, keine Lust mehr auf den Zirkus zu haben, und tat das kund, indem er sich einfach ganz stumpf mitten in der Prüfung in die Mitte des Reitplatzes begab und dort stehen blieb. Nichts konnte ihn dann bewegen, weiterzugehen. Er hatte schon immer ein dickes Fell und einen noch dickeren Kopf.

Milan war immer ein Pferd, welches wusste, was es nicht will. Und welches sich eher hätte Schmerzen zufügen lassen, als zu tun, was man verlangte. Um so deutlich und ruhig zu zeigen, wie es nicht geht, braucht man auch als Pferd eine enorme innere Größe, einen eisernen Willen und vor allem eine große Portion Selbstwert. Nicht zu vergessen eine ordentliche Prise Dickfelligkeit, Mut und Stolz, denn die Konsequenzen für solche Pferde sind oft unschön. Pferde müssen funktionieren. Kaum ein menschliches Ego, welches mit einer gewissen Erwartungshaltung an ein Pferd geht, duldet eine solche Verweigerung. Es ist klar, warum ich mich sofort in dieses Pferd verliebte.

Die Westernreiterin verkaufte ihn. Seine neue Besitzerin ritt zwar keine Turniere, aber auch bei ihr bekam er nicht die Anerkennung für das, was er war, sondern sollte funktionieren. Laut eigener Aussage biss sie sich die Zähne an ihm aus. Sie besuchte diverse Horsemanship-Kurse und andere Trainingslehrgänge, aber ihre Beziehung blieb eisig. Milan schenkte ihr nichts. Er ertrug sie, aber sie hatte Angst vor ihm. Sie hatte einfach keinen Spaß an ihm. Er ließ sich in der Bahn nur mit massivem Sporeneinsatz reiten und kehrte auch dort regelmäßig in die Mitte zurück, um stehen zu bleiben. Im Gelände war er hitzig, verweigerte oft die Wege, ging rückwärts oder rannte wie verrückt. Die Frau riet mir, niemals allein und ohne scharfes Gebiss mit ihm auszureiten. Sie hatte noch drei andere Pferde, mit denen sie eine kleine Reitschule betrieb. Diese Pferde waren erstaunlich nichtssagend und identitätslos. Es wollte mir damals nicht in den Kopf gehen, wieso sie diese drei Schatten ihrer selbst behielt und ihr einzig gutes Pferd verkaufen wollte. Es dauerte etwas, bis mir die schreckliche Wahrheit klar wurde: Genau deswegen verkaufte sie ihn. Milan war nicht zu brechen.

Milan war nie ein Pferd, vor dem man Angst haben musste. Er war zwar extrem wütend und frustriert, als ich ihn bekam. Jedoch hat er seine Contenance nie verloren. Milan ist wie ein Herr der alten Schule. Verliert nie die Fassung, tut niemandem weh. Passt sogar auf, dass niemand zu Schaden kommt. Liebt Kinder, Fohlen und Hunde, tut dies aber nur sehr leise und vorsichtig kund. Milan wollte aber generell mit Menschen nur noch wenig zu tun haben. Er äußerte seine Missgunst durch strikte Verweigerung. Als ich ihn bekam, hatte er sich längst geschworen, sich nie wieder auf die Kontrollspielchen der Menschen einzulassen, die von ihm nur wollen, dass er macht, was man sagt. Er hatte kein Interesse mehr an einer wirklich tiefen Freundschaft oder Bindung mit dem Menschen. Er brauchte so etwas nicht. Er wollte vor allem eine Stute haben, um die er sich kümmern durfte, und in Ruhe gelassen werden. Er hatte sich eine gewisse Grenze gesetzt, bis zu der man mit Kompromissen und Achtung vor seiner Seele mit ihm zusammen sein durfte.

Als ich ihn das nächste Mal besuchte, schaute er mir freudig entgegen, spitzte die Ohren und kam herüber, als ich ihn rief. Das war mein Zeichen: Er hatte sich entschieden. Beim dritten Besuch bekam er erst nicht mit, dass ich da war und stand wieder in seiner Ecke auf der Weide, mit dem Po zum Geschehen. Das andere Pferd, welches bei ihm stand, kam neugierig zu mir herüber, und noch bevor es drei Schritte tun konnte, bebte kurz die Erde. Milan kam in einem Affentempo auf uns zu galoppiert, als er mitbekam, dass ich da war. Er verscheuchte auf der Stelle das andere Pferd und bestand darauf, dass ich ihn mitnahm. Da war es sonnenklar: Er wollte zu uns gehören. Ich kaufte ihn. Zu diesem Zeitpunkt hatte ich ihm Mouna gedanklich bereits mehrmals bekannt gemacht und beide gefragt, ob das nun der Deal sein sollte. Beide ließen mich ganz klar wissen, dass sie sich füreinander entschieden hatten.

Es sollte noch ein paar Monate dauern, bis unser Hof einzugsbereit war, und so lange ließ ich ihn bei seiner alten Besitzerin stehen und besuchte ihn mehrmals wöchentlich. Ich arbeitete frei mit ihm und ritt ihn aus. Seinen Sattel kaufte ich nicht mit, er bekam ein Reitpad. Ein paar Mal versuchte ich, ihn dort auch auf dem Reitplatz zu reiten, doch er zeigte mir sehr deutlich, was er davon hielt. Er kehrte immer wieder in die Mitte zurück und blieb dort stehen. Damals dachte ich noch, dass man reiten üben müsste. Ich war jahrelang nicht mehr wirklich geritten und fand, ich müsste erst wieder besser darin werden. Ich dachte, dass es etwas nützte, viel im Kreis zu reiten, um für das Pferd etwas zu tun und selbst sicherer zu werden. Milan sollte mich eines Besseren belehren und das war hoch an der Zeit. Er hat mich mit seiner Entscheidung, diesen Irrglauben der Menschen nicht mehr zu unterstützen, eine der wichtigsten Lektionen in Bezug auf das Verständnis für Pferde gelehrt.

In unserer Freiarbeit galoppierte er zwar gern umher und war froh, dass er sich mal zeigen durfte und seine Kraft demonstrieren konnte, aber auch hier kam er oft in die Mitte und stand da, mit gesenktem Kopf, traurig. Ich verbrachte viel Zeit damit, einfach bei ihm zu stehen. Trotzdem war ich damals noch sehr in dem Modus, doch irgendetwas mit einem Pferd machen zu müssen. Es musste ein Programm geben. So hatte ich es gelernt: holen, putzen, fertig machen, reiten, arbeiten, ausreiten, spazieren gehen, putzen, wegstellen. Wie ich anders mit einem Pferd zusammen sein konnte, war mir noch nicht ganz klar.

Es wurde zunehmend unangenehmer, in seinem alten Zuhause mit Milan zusammen zu sein, und wir waren beide äußerst froh, als ich ihn mitnehmen konnte. Als ich ihn holte, parkte ich den Hänger vor dem Haus, hinter dem er stand. Ich holte ihn am Halfter von der Weide, sein Kumpel wieherte ihm traurig hinterher, doch Milan drehte sich nicht einmal um. Er ging zügig mit mir ums Haus, zögerte keine Sekunde, als er den Hänger sah. Ohne anzuhalten, ging er hinein, sogar, ohne dass ich mitgehen musste. Ich legte ihm den Strick im Gehen auf den Hals und er steig einfach ein.

Zu Hause angekommen, war die Zusammenkunft von Milan und Mouna erstaunlich unspektakulär. Mouna wartete bereits auf ihn, wir hatten sie direkt davor zu unserem Hof gebracht. Die beiden sahen sich und taten so, als wüssten sie bereits genau, wer der andere war. Außerdem war von Sekunde eins sozusagen klar, dass sie zusammengehören. Und damit meine ich nicht die Notwendigkeit von zwei Pferden, sich zusammenzutun, wenn es keine anderen Pferde um sie herum gibt. Sondern ich meine echte Liebe auf den ersten Blick. Mouna hatte sich ihren perfekten Ehemann ausgesucht und Milan hatte genau das, was er immer wollte: Eine kleinere, tolle Stute, welche zwar weiß, wer sie ist, ihn aber als Pferdemann willkommen heißt und mit ihm einen Bund eingeht. Der Bund bestand schon, bevor sie sich trafen, und so war es einfach nur erleichternd, die beiden endlich zusammen zu sehen.

Es sollte bis heute, viele Jahre später, genauso bleiben. Mittlerweile haben die beiden in drei verschiedenen, gemischten Herden mit wechselnden Mitgliedern von bis zu 13 Pferden gestanden und haben verschiedene Reisen an Orte mit anderen Pferden mit mir unternommen. Nicht einmal haben sie sich dabei voneinander entfremdet. Es gab Zeiten, in denen sie jeweils lockere Freundschaften zu anderen Pferden eingegangen sind, aber sie agierten immer als „Paar" und waren sich ihrer sicher. In neuen Gruppen war Mouna immer für den Erstkontakt zuständig, während Milan sie beschützend flankierte. Er hat sich nur selten richtige Kumpelkontakte mit anderen Wallachen gegönnt und diese auch schnell unterlassen, weil es ihn traurig machte, dass die Pferde in Pensionsställen kommen und gehen. Er begann sogar, mich darauf aufmerksam zu machen, wenn es anderen Pferden nicht gut ging. Doch er unterließ es wieder, als er merkte, dass wir nichts für diese Pferde tun konnten, wenn ihre Menschen es nicht selbst tun wollten.

Mit Milan und Mouna verbrachte ich ein wunderschönes Jahr auf meinem Hof, ehe wir ihn verlassen mussten. In den ersten Wochen und Monaten tat Milan vor allem eins: nichts. Er hatte sich eine Ecke im Paddock ausgesucht, in die er sich stellte, um möglichst lange in die Weite zu blicken und dabei zu grübeln. Er beamte sich gedanklich weg und brauchte diese Zeit der Verarbeitung. Ich dachte, ich müsste ihn wenigstens ab und zu da herausholen, und hatte den Anspruch, ihm durch freie Arbeit helfen zu wollen, seine Traumata zu bewältigen. Er zeigte mir, was er davon hielt, indem er meistens einfach nicht den Reitplatz betrat. Und tat er es doch, dann rannte er zwar etwas herum und genoss auch mal die Zeit mit mir, aber er ließ sich nur so weit darauf ein, wie er meinte, mir damit einen Gefallen tun zu wollen. Er ließ mich nicht wirklich an sich heran. Unsere Gespräche waren respektvoll, oberflächlich und klärten vor allem ab, was für ihn okay war und was nicht. Ich respektierte das und ließ ihm seinen Raum.

Was er sehr gern tat, war ausreiten. Die ersten Ritte mit Milan zu Hause waren große Abenteuer! Nach meiner jahrelangen Reitpause war ich nicht mehr diese mutige Jugendliche, die jedes noch so wilde Pferd im Galopp und ohne Sattel durch die Landschaft ritt. Ich konnte kaum atmen vor Angst, wenn wir losritten, weil ich wusste, was mich erwartete: Volle Kraft voraus! Der Deal mit Milan in Bezug auf Reiten ging so: Er wollte es gern, wenn ich die Bedingungen akzeptierte, dass ich ihn dabei laufen ließ. Nicht laufen, sondern rennen. Er wollte sich so richtig freirennen. Natürlich nur auf geeigneten Galoppstrecken. Dabei durfte ich ihn aber nicht im Kreis reiten wie auf dem Reitplatz. Irgendein Feld aufzusuchen, um ein paar Runden darauf zu drehen, das war nicht drin. Ebenso wenig sollte ich hin- und zurückreiten, um eine Strecke zweimal zu nutzen. Er wollte wirkliche Ausritte, die ihm ein schöner Ausflug durch die Umgebung waren. Auf denen er sich umsehen und die Zeit genießen konnte, ohne dass er das Gefühl hatte, dass ich um des Reitens Willen ritt. Ich sollte diese Ausflüge mit ihm genießen und mich von ihm tragen lassen. Ich sollte mich entspannen, wenn er rannte. Er versprach mir, nie durchzugehen und am Ende immer anzuhalten. Er würde dabei auf mich aufpassen, dass ich nicht herunterfiel. Er brauchte dafür von mir, dass ich mich mitnehmen ließ, ihn nicht bremste, wenn er loslegte, und ihm vertraute. Ich durfte die Strecken wählen, aber eben im Sinne des Ausflugs.

Und so ging mir regelmäßig die Flatter, wenn wir uns flotten Schrittes der Galoppstrecke näherten. Ich sang ganze Lieder, um irgendwie eine einigermaßen ruhige Atmung hinzubekommen. Denn wenn Milan loslegte, war klar: Ich war hier nur Passagier. Milan ist ein Pferd, welches um seine Kraft weiß. Er kennt seinen Körper genau und hat eine beneidenswerte Balance und Reaktionsschnelligkeit. Er kann mit Reiter aus dem gestreckten Galopp in den Stand springen und aus dem Stand in den kraftvollen Galopp gehen. Er hat wahnsinnige Schubkraft und er ist eins der Pferde, welches auf Entscheidung seinen Kopf stumpf schalten kann, wenn es um Zügeleinwirkung geht. Er lacht sich innerlich in den Hemdkragen, wenn man versucht, ihn durch Herumziehen zu etwas zu bewegen. Milan kann auch mit herumgezogenem Kopf kontrolliert dahin galoppieren, wo er hin möchte. Das durfte seine Reitbeteiligung Jahre später noch mehrmals feststellen. Auch mich ließ er relativ schnell wissen, dass man nicht gegen ihn arbeiten kann, sondern nur mit ihm. Und dass, wenn ich ihn reiten wollte, es nur den Weg gab, mit seiner Kraft zu gehen oder direkt wieder abzusteigen. Milan gab mir damit das Geschenk, welches ich schon als junges Mädchen als das größte meines Lebens empfand: Von einem Pferd in voller Lebensfreude wie frei fliegend und ohne Sattel über das Land getragen zu werden, während ich unter mir seinen Körper in unbändiger Kraft galoppieren spüre und ihm vertraue, dass er mich trägt.

Es brauchte einige Ritte, bis ich mich daran wieder gewöhnt hatte. Milan buckelte in all den Jahren nur ein einziges Mal, und das war, als ich das erste Mal mit Pad auf ihm im Gelände galoppierte. Weil ich mich so auf ihm dabei festklammerte vor Angst, dass er mir zeigen musste, dass es so nicht geht. Es ging nur, wenn ich mich entspannte und mich mitnehmen ließ. Das kapierte ich sofort, und dann ging es. Wir trafen bei unseren ersten Ritten auf mit den Armen wedelnde Menschen, die dachten, mein Pferd ginge dort auf dem Feld durch und ich befände mich in Lebensgefahr. Wir durchstreiften Wälder, überquerten Felder, erklommen Hügel und stapften durch Büsche. Wir wurden begleitet von Greifvögeln, Enten, Rehen und Schwänen. Manche rannten oder flogen streckenweise mit uns, manche flohen vor diesem Donner, der da über das Land zog. Milan bremste immer, aber immer erst genau dann, wenn er unbedingt musste. Er konnte bis einen Meter vor der Straße galoppieren, um dann genau dort stehen zu bleiben. Die Adrenalinausschüttung meines Körpers fand damals regelmäßige Höhepunkte, und bald musste ich nicht mehr singen, bevor es losging, sondern grinste nur. Bei den ersten Galopps stellte ich fest, dass Milan seinen Kopf immer wieder etwas nach links oder rechts neigte, um mich zu beäugen, während er rannte. Er schaute buchstäblich nach, ob bei mir noch alles in Ordnung war. Wann auch immer ein unvorhergesehenes Ereignis unseren Weg kreuzte, wich er geschickt aus oder reagierte so, dass niemandem etwas passierte. Er passte auch immer auf, mich dabei zu balancieren und mein Gewicht mit den Fliehkräften mit auszutarieren, wenn er seine Manöver einleitete. Ich fiel nie von ihm herunter. Uns ist nie etwas passiert.

Es war nicht so, dass Milan unkontrolliert durch die Gegend preschte, während ich atemlos auf ihm saß. Teil des Kompromisses war schon, dass ich entschied, wann er wo laufen durfte, solange es im Sinne seiner oben genannten Bedingungen war. Falls ich doch mal versuchte, ein paar Feldrunden zu drehen, erinnerte er mich vehement daran, dass das nicht Teil des Deals war, indem er keinen Meter mehr vorwärtsging, sondern rückwärts. Und das tut er bis heute.

Milan ist eben ein Pferd mit Prinzipien. Ich mag solche Pferde, die sich nicht einfach etwas sagen lassen. An denen jeder Versuch scheitert, sie mit geschickten Trainingsmethoden dazu auszutricksen, alles zu tun, was man möchte. Generell liegen mir solche Tiere am Herzen, auch mein mittlerweile verstorbener Hund Merlin passte in diese Kategorie. Es braucht wahre Größe, eine Meinung dazu zu haben, wie andere mit einem umgehen, und dafür Schwierigkeiten in Kauf zu nehmen. Das gilt auch für Menschen, jedoch haben die meisten von uns immer noch eine Wahlmöglichkeit, mit wem sie es zu tun haben möchten und was sie zu tun haben. Als Pferd hingegen braucht es tatsächlich großen Mut, demjenigen zu widersprechen, der einfach alles im Leben bestimmt. Mit wem ich lebe, wo ich lebe, wie viel Platz ich habe, wie viel und was für Futter ich bekomme, wie ich bei körperlichen Problemen behandelt werde, wie ich meine Freizeit verbringe und dann auch noch, wie ich mich verhalten soll. Für die meisten Haustiere hört es dort auf. Bei Pferden fängt der unangenehmste, fremdbestimmte Teil aber erst damit an, dass ihre Körper benutzt werden, um uns zu tragen oder anderweitig zu beschäftigen.

Es wird ihnen allerlei Lederzeugs angelegt, womit sie unter Zug und Druck in Form gebracht werden. Für uns ist das normal, wir haben uns an das Bild gewöhnt. Um zu verstehen, was das tatsächlich bedeutet, lohnt es sich, immer wieder neu darauf zu schauen und zu überlegen, was das mit einem Pferd macht. Und wie viel Mut es bereits aufgebracht haben muss, wenn es sich traut, sich dennoch dazu zu äußern. Denn natürlich weiß ein Pferd dann längst, dass das sehr unangenehme Konsequenzen nach sich ziehen kann oder wird.

Milan hat diesen Mut, seine Grenzen zu kennen und seine Meinung zu äußern. Dabei bleibt er auch noch ruhig und entscheidet genau, bis wohin etwas okay ist und ab wo es unzumutbar für ihn wird. Es gibt Pferde, die aus purer Verzweiflung und Überforderung irgendwann alles generell ablehnen, was mit Zwang, Kontrolle und Menschen an ihrem Körper zu tun hat. Milan aber mag trotz all dem Frust, den er in seinem Leben diesbezüglich schon erlitten hat, immer noch gern mit ausgewählten Menschen zusammen sein und zeigt eben deutlich, was dabei geht. Ich bin unendlich dankbar dafür, dass er sich zeigt, denn das bedeutet, dass ich von ihm lernen darf. Es bedeutet, dass ich meine Vorgehensweisen immer wieder überdenken musste, mit ihm wirklich ins Zwiegespräch gehen musste, um irgendwo mit ihm hinzukommen. Sobald diese Kommunikation mit Milan abbricht, ist er nicht mehr zu handhaben. Dann bleibt er stehen, reißt sich los oder geht rückwärts. Dass er Menschen körperlich weit überlegen ist, weiß er längst. Er hat überhaupt kein Problem damit, seinen Körper einzusetzen, wenn es sein muss. Niemals gegen den Menschen, aber durchaus für sich. Wenn man das Seil dann nicht loslässt oder sich nicht festhält, wenn man auf ihm sitzt, ist es höchstens die eigene Körperkraft, die einem schadet. Das habe ich schon immer so sehr an Milan geschätzt: Egal, wie waghalsig seine Manöver waren oder wie deutlich er etwas sagen musste, indem er reagierte, er hat immer darauf geachtet, dass mir dabei nichts passiert.

Er ist ein Meister darin, das Reitergewicht auf dem Rücken zu balancieren und es in jeder noch so horizontalen Seitenlage durch die Kurve zu tragen, wenn es sein muss. Wenn seine unfaire Westernausbildung wenigstens zu etwas gut war, dann dazu. Wie man den Reiter mitnimmt, das steckt ihm im Blut. Auch wenn er aus vollem Galopp die Vollbremsung hinlegt.

Vor ein paar Tagen hat sich dieses achtsame Verhalten mir gegenüber wieder gezeigt, als ich bei ihm stand. Ein paar Wochen vorher hatte ich mich während eines Pferdegesprächs mit einem Kundenpferd drinnen am Schreibtisch sitzend dabei wiedergefunden, wie ich an Milan dachte. Das Kundenpferd hatte mir gerade sehr ausführlich und in lebensfrohen Bildern geschildert, wie es seiner Freude regelmäßig Luft machte, indem es wie wild durch die Gegend bockte, also beim Laufen alle vier Beine in die Luft schmiss und dabei rodeomäßig abwechselnd vorn und hinten hoch ging. Mir wurde dabei klar, dass ich das bei Milan noch nie gesehen hatte. Meine Stute Mouna kann das super und zeigt das gern. Milan habe ich höchstens mal in der freien Bodenarbeit auf dem Reitplatz beobachtet, wie er mal einen halbwegs tollkühnen Luftsprung macht oder spielerisch und auf Distanz etwas auskeilt. Aber so richtig für sich und aus vollkommen eigenem Antrieb mal „die Sau rauslassen" auf Pferdeart – das war nie sein Ding. Wenn Milan Lust bekommt, sich zu bewegen, dann rennt er. Das auch gern explosiv und voller Kraft, windschnittig und imposant. Generell sieht man bei Milan immer eine gewisse Festhaltung. Er bewahrt Haltung und hat eine gute Körperkontrolle. Teilweise stammt diese leichte Starre sicherlich von seiner leichten Arthrose in den Beinen, aber sie ist auch Teil seiner Persönlichkeit, die sich körperlich ausdrückt. Zu Anfang unserer Zeit hatte ich noch versucht, ihn in der freien Bodenarbeit dazu zu bewegen, lockerer zu werden. Schnell wurde auch hier klar: Er spielt zwar ganz gern mit mir, aber dass ich versuche, seinen Körper dabei zu manipulieren, ist nicht drin.

Also ließ ich es schnell bleiben, denn schon damals wusste ich, dass jegliche Losgelassenheit im Pferdekörper immer innen beginnt. Sie ist bedingt durch den psychischen Zustand. Ich respektierte seine Grenzen, weil er das so wünschte. Es war Teil unseres Abkommens. Für seine Arthrose bekam er eine sehr gute Behandlung durch einen Tierarzt, der mittels Akupressur arbeitet. Von einem Tag auf den anderen war er dadurch beschwerdefrei, bis heute.

Milan hat sich mit diesem Arrangement für sich selbst immer recht zufrieden gezeigt. Unser Deal war gut und wichtig für ihn. Er musste keine Angst haben, wieder hergegeben zu werden, er hatte seine Stute und ab und zu etwas Abenteuer beim Ausreiten. Mehr wollte er nicht. Mit solch einem Pferd ist natürlich auch immer nur ein gewisses Maß an Bindung möglich, über welches es nie hinausgeht. Für mich war das immer in Ordnung. Milan war nie wirklich „mein" Pferd, sondern Mounas Mann. Dafür hatte ich ihn gekauft und das war das, womit er sich vor dem Kauf einverstanden gezeigt hatte. Jemandem gehören, das wollte er nicht mehr.

Ich habe im Laufe unserer gemeinsamen Jahre dennoch ab und zu neu überlegt, ob es für dieses Pferd nicht doch anders besser wäre. Ob er nicht doch noch Fortschritte in seiner Bereitschaft, sich auf Menschen einzulassen, machen sollte. Aber ich kam immer schnell an den Punkt der Gegenfrage: Warum? Milan ist ein Pferd und kein Mensch, seine Bindung zu Mouna und seine sozialen Fähigkeiten sind überragend gut ausgeprägt. Auch hier hatte er ab und zu kleine Probleme wegen seiner doch recht „konservativen" Art, ganz besonders in suboptimalen Herdensituationen in Pensionsställen, wo ihm seine stets ranghohe Stellung manchmal etwas zu viel abverlangte. Hier bei uns jedoch konnte er seine Fähigkeiten als Führungspersönlichkeit gut ausfüllen. Seitdem er seine Stute voll an seiner Seite weiß, also seit dem Kauf, ist im Pferdebeziehungsbereich für ihn alles in bester Ordnung. Warum also sollte ich ihn nötigen, darüber hinaus noch mein menschliches Bedürfnis nach Bindung zum Pferd zu bedienen?

Dies ist übrigens ein wichtiger Punkt, den Milan mich gelehrt hat und der essenziell wichtig für das Verständnis von der Freundschaft zwischen Pferd und Mensch in meiner heutigen Arbeit ist: Ein Pferd kann des Menschen Freund sein, ohne die von außen definierten Anzeichen der Bindung zu zeigen. Ein Pferd muss dir nicht folgen, muss nicht alles tun, was du willst. Muss nicht am Halsring frei und glücklich mit dir über die Felder galoppieren, um das Höchste eurer Freundschaft zu demonstrieren. Es muss nicht mal von dir geritten werden wollen. Ich kann sehr gut nachvollziehen, dass die Bilder solcher augenscheinlich perfekten Pferd-Mensch-Paare Sehnsüchte wecken und man danach strebt, etwas Ähnliches mit seinem Pferd aufzubauen. Jedoch ist das Abbild dessen, dieses vermeintlich freie und dennoch gebundene Pferd, sehr oft doch nur eine Illusion. Denn, und das lies bitte langsam und mehrmals: Eine Freundschaft lässt sich nicht trainieren. Eine gute Beziehung, egal zwischen welchen Lebewesen, definiert sich niemals durch das tolle Äußere, was man zusammen präsentiert. Sondern sie zeigt sich in ihrer wahren Tiefe und Verbundenheit erst im Verborgenen, wenn niemand hinsieht. Wenn man nicht toll, stark oder schön sein muss, sondern wenn man schwach ist und sich wahrhaftig dem anderen zeigen kann, ohne dass Erwartungen gestellt werden. Wenn man geliebt wird, genau so, wie man ist.

Sicherlich gibt es Pferde, die sehr gern für ihren Menschen die tollsten Dinge tun und mit ihnen dann nach außen glänzen und sich dabei toll fühlen. Das ist aber eine Typsache. Von uns Menschen möchte auch nicht jeder Leistungssportler, Profipaartänzer oder Vorturner werden, und so ist es auch bei Pferden. Dass Milan definitiv nicht zu dem oben beschriebenen Pferdetyp gehört, ist klar. Es gibt aber jemanden, der ganz anders tickt.

KAPITEL 5

DER GEWINNER

Einer meiner liebsten Gesprächspartner war ein weißer Hengst, der einem sehr reichen Menschen gehört. Dieser hatte ihn dauerhaft an eine berühmte Springreiterin verliehen, in deren Auftrag ich mit ihm sprechen sollte. Mein erstes Gespräch mit ihm fand an dem Tag unseres ersten Treffens im Stall der Springreiterin statt. Ich hatte den Auftrag, mit sieben ihrer Pferde zu sprechen und begann mit ihm. Der erste Satz, den ich von ihm vernahm, war: „Ich bin Licht, ein höheres Wesen." und dann: „Ich halte mich nicht mit Äußerlichkeiten auf, stehe über den Dingen, habe eine sehr hohe Intelligenz. Für echten Austausch mit mir muss man sich auf meine Ebene begeben." Er berichtete noch einige solcher Dinge und dann am Ende: „Eher würde ich sterben, als dich zu verlassen. Ich weiß nicht, wie lange ich bleiben kann, aber solange ich es kann, werde ich alles für dich geben."

Die anderen Pferde hatten ganz andere Dinge zu berichten, und ich war doch etwas nervös, als ich in dieser riesigen, privaten Stallanlage vortrug, was der Hengst zu sagen hatte. Es gibt hochspirituelle Pferde, die solche Dinge zu sagen haben. Es sind nicht sehr viele, aber doch einige, sodass es immer wieder vorkommt. Im Laufe der Jahre meiner Tätigkeit durfte ich glücklicherweise feststellen, dass selbst wenn die Worte dieser Pferde wie nicht von dieser Welt klangen, die Menschen doch immer etwas damit anfangen konnten. So eine Ausstrahlung bleibt nicht unbemerkt. So war es auch dieses Mal. Die Frau zitterte und die Tränen standen ihr in den Augen, als sie seine Botschaften hörte. Sie bejahte alles und war froh und stolz, dass dieses Pferd die Führung ihres gesamten Daseins als Springreiterin, ihrer anderen Pferde und auch der Mitarbeiter übernahm. Er stand über allem. Er behielt mit seinen Aussagen Recht.

Diesen Hengst, die anderen Pferde und die Frau durfte ich ein paar Jahre lang begleiten. Manchmal durfte ich mit auf internationale Turniere und sprach dann täglich mehrmals mit ihren teilnehmenden Pferden, um sicherzustellen, dass sie alles hatten, was sie brauchten. Einmal verriet mir zum Beispiel eines der Pferde, dass es im Flugzeug gefroren hatte, weil der Pferdepfleger die Decke vergessen hatte. Ich sprach auch mit ihnen, um sie genau einzuweisen in den Parcours und den Ablauf des Springens am jeweiligen Tag. Ich weihte die Pferde in den derzeitigen Stand des Wettkampfes ein und was sie am besten tun sollten, um zu gewinnen. Ich schritt vor dem Springen auch den Parcours mit ab, um den Pferden alles detailgetreu zu vermitteln. Wir waren als Team hiermit sehr erfolgreich und ich bin gedanklich im und mit dem Pferd so einige Wettkämpfe mitgesprungen, auf der Tribüne sitzend. Es war fantastisch, ein Teil des Teams sein zu dürfen. Die Pferde fühlten sich durch meine Arbeit viel gesehener und konnten mitsprechen, wo und wie sie teilnehmen wollten und wo nicht. Der weiße Hengst war hierbei immer mein liebster Gesprächspartner, denn seine innere Größe kehrte sich bei Wettkämpfen so deutlich nach außen, dass auch die Zuschauer fasziniert und beeindruckt von ihm waren. Er zierte einige Poster von großen Turnieren und war stolz darauf. Er war ein echter Athlet und lebte für diese Identifikation seiner Selbst. Ich durfte viel von ihm lernen.

Er hatte durchaus auch Humor. Sein persönlicher Pferdepfleger war ein dicker, schlecht gelaunter, großer Mann, der mich gar nicht mochte. Tatsächlich hatte er ein richtiges Problem mit mir und weigerte sich, überhaupt mit mir zu sprechen. Als ich einmal von einer der Stuten auf dem Turnier vernahm, dass sie Durst habe, und mich erdreistete, bei ihm nachzufragen, ob sie Wasser habe, rastete er komplett aus. Er sprach von da an gern lauthals mit anderen schlecht über mich, während ich in Hörweite am Reitplatzrand saß. Das war anstrengend für mich, jedoch hatte es keine Relevanz für meine Arbeit. Der weiße Hengst ließ mich wissen, dass ich darüberstehen dürfe. Das tat ich.

Zu einem späteren Turnier wollte mich die Reiterin nicht mitnehmen, weil ihr Pfleger sie vor die Wahl gestellt hatte: er oder ich. Sie brauchte ihn dringend und ich hatte wenig Lust und Zeit, also fuhren sie ohne mich. Der Erfolg blieb aus, aber für mich gab es ein Happy End: Als der Hengst wieder in seinen Heimatstall zurückkehrte, wurde er beim Hereinbringen gefilmt. Der dicke Pferdepfleger war nicht schnell genug beim Öffnen der Tür zur Stallgasse und der Hengst entschied kurzerhand, dass er auch allein in seine Box gehen könnte. Das tat er also. Das Problem war nur, dass der große, keifende, zeternde, dicke Mann dabei noch an seinem Strick hing. Seelenruhig und doch zielstrebig zog der Hengst ihn die gesamte Stallgasse bis in seine Box und der Pfleger konnte gar nichts tun. Die Botschaft war klar: „Ich akzeptiere dich, respektiere dich jedoch nicht. Ich folge dir nur, solange ich mich selbst dazu entscheide." Von dieser Aktion gab es ein Video, welches augenzwinkernd von der Springreiterin ins Netz gestellt wurde ... und viral ging! Hunderttausende Menschen sahen, wie der Hengst den Mann komplett bloßstellte und ihn in seiner Arbeit als dominanter Pferdepfleger herabwürdigte. Was für eine Genugtuung! Das Video wurde von vielen, großen Pferdeseiten geteilt und ich dankte unserem Hengst still. Mittlerweile ist der Pfleger entlassen.

Wenn ich heute auf die ersten Notizen unseres allerersten Gesprächs schaue, dann ist es bezeichnend, was da steht: „Eher würde ich sterben, als dich zu verlassen." Der eigentliche Besitzer dieses Pferdes, der superreiche Mann, fand irgendwann, dass dieses Pferd nicht mehr leistungsstark genug sei. Die Bindung zwischen dem Hengst und der Springreiterin war jedoch so groß, dass es für alle, die sie kannten, kaum zu ertragen war, dass sie getrennt werden sollten. Aber so war es und auf ihrem allerletzten, gemeinsamen Turnier durfte der Hengst nach Abschluss einige Runden ganz frei durch die Showhalle laufen, damit die Zuschauer sich in Ehren von ihm verabschieden konnten. Nicht mal eine halbe Stunde nach seiner offiziellen Verabschiedung bekam der Hengst eine schwere Kolik, die wochenlang nicht weggehen wollte. Es folgte ein sehr langer Klinikaufenthalt mit vielen Operationen und Gesprächen, in denen er immer wieder versuchte, sein Bleiben bei seiner Reiterin zu erzwingen. Er drohte damit, sonst zu sterben. Er wusste um seinen wirtschaftlichen Wert und den damit verbundenen Verlust, wenn es keine Samen von ihm zu verkaufen geben würde. Der Plan war nämlich, ihn auf eine Zuchtstation zu bringen, wo er teure Nachkommen produzieren sollte. Er hielt diesen Balanceakt auf Messer's Schneide sehr lange durch, überlebte aber am Ende. Es nützte alles nichts, sein Schicksal war besiegelt und er wurde als Samenspender benutzt. Sein Licht aber ging aus. Ob er heute noch lebt, ist mir nicht bekannt.

Diese Geschichte ist übrigens ein gutes Beispiel, warum es wichtig ist, nur mit Pferden zu sprechen, deren Besitzer die Auftraggeber des Pferdegesprächs sind. Den Besitzer des Hengstes hatte ich zwar getroffen und er hatte auch gut geheißen, was ich tat. Jedoch stand es letztendlich in seiner Macht, über den Hengst zu entscheiden. Mir war anfangs nicht klar, dass die Leihverträge der Springreiter solche Problematiken mit sich bringen können.

Unter anderem deshalb und auch aus vielen anderen Begebenheiten mit zur Verfügung gestellten Pferden leitet sich meine Regel ab, nur mit einem Pferd zu sprechen, wenn der Besitzer mein anderer Gesprächspartner sein wird. Es ist sehr sehr wichtig für das Wohlergehen des Pferdes und für den hilfreichen Ausgang eines Pferdegesprächs, dass der Mensch, welcher sich entschieden hat, seinem Pferd zuzuhören, auch derjenige ist, der die Verfügungsgewalt über dieses Tier hat. Es kann sonst zu wirklich ernüchternden und destruktiven Situationen kommen, wenn das Pferd sich traut, endlich ehrlich zu sagen, wie es das findet, was man mit ihm macht, sich dann aber nichts ändert. Es ist auch bei Pferdegesprächen mit den Besitzern nicht immer garantiert, dass sich die Dinge danach für das Pferd zum besseren wenden. Was jedoch eklatant wichtig ist, ist der Fakt, gehört zu werden. Aussprechen zu können, was einen bewegt, den Raum dafür zu bekommen und wirklich angehört zu werden. Das ist der hauptsächliche „therapeutische" Effekt der Pferdegespräche. Etwas auszusprechen und dann zu erleben, dass der Mensch es aber nicht anhören will, kann einen sehr negativen Effekt haben, der unbedint vermieden werden sollte.

KAPITEL 6

MILANS NEUES LEBEN

Es blieb von meiner Seite aus dabei, Milan so zu belassen, wie er ist und wie er sein möchte. Ihm keine Vorgaben zu machen, was er als Pferd erreichen müsste. Weder mit mir noch sonst wie. Das höchste der Gefühle war diesbezüglich, dass ich es mir ausnahmsweise neulich mal erlaubte, festzustellen, dass er eventuell noch mehr Spaß haben dürfte, wenn er seine Kraft spielen lässt. So wie das lebensfrohe Kundenpferd, mit dem ich gesprochen hatte. Ich dachte daran, wie schön es für ihn wäre, wenn er das letzte bisschen Kontrolle dabei auch noch abgeben könnte und er einfach Pferd wäre, inklusive Bocksprüngen.

Nachdem mein Pferdegespräch beendet war und ich den Telefonhörer aufgelegt hatte, ging ich direkt durch die Hintertür raus zu meinen Pferden. Als ich die Türklinke noch in der Hand hielt, fiel mein Blick auf Milan, der sich gerade in den tollkühnsten Sprüngen mitten auf der Wiese mit sich selbst vergnügte. Er zeigte mir genau dieses Bild, welches ich mir Minuten vorher noch vorgestellt hatte. Er warf den Hintern in die Luft, keilte aus, ging vorne hoch, sprang umher. Er hatte sichtlich Spaß dabei. Mouna stand etwas abseits und schaute sich das Spektakel in Ruhe an, ohne daran teilzunehmen. Ich musste sofort grinsen, von einem Ohr zum anderen, und wusste, dass dies ein echter Durchbruch für Milan war. Es war so wunderbar, zu sehen, wie er nach all den Jahren des doch manchmal etwas engstirnigen Prinzipienreitens bei ihm heute mal dazu kam, dass er meine Idee für ihn gut fand und ausprobierte. Ausprobieren ist definitiv nicht Milans Stärke. Umso schöner war es für mich, meinen damals 20-jährigen Pferdedickkopf so fröhlich wie einen Jungspund über unsere Weide springen zu sehen, perfekt glücklich mit sich selbst. Damals wussten wir beide noch nicht, dass er mit der Geburt seines Ziehsohnes knapp ein Jahr später komplett zurück in diese Spielfreude finden würde.

Ein paar Wochen später ist es Herbst. Die Luft ist noch mild, aber klar. Das Laub streut sich über den Pferdeauslauf. Milan liebt diese Zeit. Da bekommt er regelmäßige Energieschübe und tobt sich dann rennend aus, auf Ausritten oder im Auslauf. Vor ein paar Tagen hatte ich ihn bisher zwar etwas „kantiger" erlebt, weil er beim Füttern schon recht ungeduldig war und sich nicht damit einverstanden gezeigt hatte, dass die Weide nun tatsächlich geschlossen bleiben müsste. Aber er folgte mir im ruhigen Schritt rund um den Auslauf, als ich mistete. Dann wälzte er sich genüsslich ein paar Meter weiter, um anschließend erneut zu mir zu kommen. Dass Milan überhaupt den direkten Kontakt sucht, wenn man sich im Auslauf mit ihm aufhält, ist noch immer nicht selbstverständlich. Er muss immer das deutliche Gefühl haben, dass er die Wahl hat, einen auch mal komplett zu ignorieren. Dass er nicht zum Kontakt gezwungen oder überredet wird. Und nur wenn ihm wirklich mal danach ist, kommt er dann zu einem. Er wollte etwas und ich begann, ihn zu kraulen. Diese Situation, die für andere Pferde und Menschen ganz selbstverständlich ist, ist für Milan brandneu. Dass er wirklich nachfragt, dass man ihn bitte anfasst, ist für ihn ein bis vor kurzem unmögliches Ding gewesen. Das Risiko, dass der Mensch dann doch mit neuen Erwartungen ihm gegenüber um die Ecke kommt, auf die er keine Lust hat, war ihm stets zu groß. Er hat das seitdem drei oder vier Mal gemacht, und jedes Mal bin ich entzückt und kraule ihn, bis er wieder geht. Auch Milan hat gelernt, dass man als Pferd angebunden und geputzt wird. Er hat das nie genossen, sondern über sich ergehen lassen. Kommt man mit der Bürste an, wenn er nicht angebunden steht, geht er sofort weg. Anfangs durfte ich seinen Bauch gar nicht putzen, da hat er protestiert. Der Grund waren die Bauchschmerzen, die er aufgrund zu großer Fresspausen in der vorherigen Haltung erleben musste. Anfassen war für Milan jahrelang ein notwendiges Übel, das mehr oder weniger erduldet wurde. Als er dann also an diesem Tag bei mir ankam und es einforderte, war das ein ganz besonderes Geschenk für mich. So besonders, dass ich innerlich hüpfte vor Freude. Ich kratzte ihm gerade die Kruppe über dem Schweifansatz, als Milan mit einem Satz hinten hochsprang und dann vergnügt davontobte. Ich stand in dem Moment gerade an ihn gelehnt und war ganz ins Kraulen vertieft. Nichts hatte darauf hingedeutet, dass er gleich loswollte. Doch hatte er meine innere Freude über den Moment gespürt und geteilt, sodass er dem dann explosiv von einem Moment zum nächsten Luft machen musste – und loshüpfte vor Freude, so wie ich es kurz vorher innerlich tat. Ich lachte und freute mich darüber, auch wenn ich einen Moment erschrak. Ein Pferd, welches neu lernt, seine Freude kundzutun, neigt vielleicht erst einmal zu übertriebenen Handlungen aus dem Nichts. Aber das ist in Ordnung, es muss sich ausprobieren dürfen.

Wahre Freundschaft zeigt sich in solchen Momenten. Wenn das Pferd sich trauen darf, weil man ihm den Raum dafür gibt. Und wenn der Raum bedeutet, es sechs Jahre lang zu respektieren, dass das Pferd sich nur richtig anfassen lassen möchte, wenn es unbedingt nötig ist.

Auch wenn ich meine, dass es schön wäre für ihn, sich kraulen zu lassen. Er bestimmt, ob er sich einlässt und wann er sich einlässt. Kompromisse einzugehen und immer im Gespräch zu bleiben, ist der Schlüssel hierfür. Ich gebe zu, dass die Gratwanderung zwischen dem Angebot, welches man macht, und dem zu wahrenden Respekt, auch zur eigenen Sicherheit, eine schwierige ist. Wann stärkt man sein Pferd, wann überredet man es, wann lässt man ihm seine Entscheidung der Zurückhaltung? Dies ist immer individuell und in Bezug auf die Bedürfnisse beider Parteien, Mensch und Pferd, zu entscheiden. Doch jeder Raum, den ich öffne, um meinem Pferd Mitspracherecht und bedingungslose Liebe einzuräumen, egal, wie es sich entscheidet, bringt eine Stärkung des Selbstbewusstseins auf Seiten des Pferdes mit. Und ein selbstbewusstes Pferd fühlt sich frei und sicher in seinem Leben. Was gibt es Schöneres, als gemeinsam so frei und sicher unterwegs zu sein, wie es geht?

Milans Selbstvertrauen ist nicht das größte. Sein Selbstbewusstsein ist jedoch recht groß. Er weiß, wer er ist. Er ist ein Dickkopf mit Prinzipien, der weiß, was er nicht will. Doch ist er oft unsicher, wenn es um neue Situationen geht. Er braucht einen Reiter, der auf Ausritten keine Fragen offen lässt, wenn Milan meldet, dass etwas gefährlich sein könnte und man Angst haben sollte. Falls der Reiter darauf keine selbstsichere, prompte Antwort weiß, geht Milan lieber nach Hause. Auf dem Reitplatz fühlt er sich bis heute so schlecht, dass ich es respektiere, ihn dort nicht zu reiten. Das letzte Mal, dass ich das getan habe, war, als ich ausprobieren wollte, wie die Handhabung mit Mouna als Handpferd funktioniert, bevor wir gemeinsam ausreiten gingen. Ich habe ihm damals gesagt, dass dies der Sinn dabei ist und dass er bitte kooperieren sollte, damit wir das einmal üben könnten, um dann schöne Ausflüge zu dritt machen zu können. Er war dann prompt fleißig, kooperativ und geduldig auf dem Reitplatz mit Mouna am Strick daneben. Das nächste Mal wird sein, wenn wir dasselbe für

Mounas Fohlen üben. Wenn er den Sinn darin sieht, dem Kleinen beizubringen, als Handpferd zu laufen, fühlt er sich dabei auch nicht drangsaliert oder schlecht, sondern wichtig und gebraucht. Der Sinn dahinter muss echt sein und ihn als Familienoberhaupt in eine gute Rolle bringen, dann tut er es gern. Auf Training jeglicher Art hat er jedoch keine Lust, denn er weiß, dass dieses Training nicht zu seinem Besten geschieht, sondern nur die falschen Vorstellungen des Reiters erfüllt. Milan braucht kein Training. Er braucht Freilauf, seine Familie und Weite, um gesund zu bleiben. Es war Teil unserer Vereinbarung, ihn nicht mehr mit vermeintlichem Training zu nerven. Ich habe diese nun viele Jahre lang eingehalten. Und er behielt Recht: Er sieht jedes Jahr jünger aus. Sogar jetzt noch, mit stolzen 22 Jahren. Gerade letzte Woche hat Milan seinen absoluten Rennrekord hingelegt. Seit ein paar Monaten nutze ich eine App, welche ein paar Daten unserer Ausritte misst, unter anderem die Höchstgeschwindigkeit. Wir befanden uns meistens irgendwo bei ca. 42 km/h.

Irgendwann begann unsere Freundin Francesca mit ihrem Wallach Dodi im Hänger vorbeizukommen, damit wir zusammen ausreiten könnten. Eher aus Spaß erwähnte ich unseren bisherigen Rekord und dass dieser zu brechen sei. Jedes einzelne Mal, das wir ausritten, toppte Milan den vorherigen Speed. Er nahm mich beim Wort! Letzte Woche dann war er beim Losreiten eher entspannt und etwas müde. Ich dachte, dass er dieses Mal nicht sonderlich schnell werden würde. Aber er hatte seine Kräfte nur gespart, um dann an der Galoppstrecke ganz berechnend durchzustarten. Er lief nicht unkontrolliert, nicht kopflos und war nicht nervös. Er rannte einfach so schnell, wie noch nie. Es war fast unbequem, weil er so heftig mit der Hinterhand ausholte und schob und schob, dass ich oben etwas herumgeschleudert wurde. Ich ermahnte mich, so entspannt wie möglich zu sitzen, und dann grinste ich nur noch. Einige Fliegen fanden ihren Weg in meinen Mund, weil ich so begeistert lachte. Dodi blieb sogar wirklich dicht hinter uns, sodass wir einen echten Doppelrekord verzeichnen konnten: 50,3 km/h!

Wenn ich Fotos davon zeige, wie ich mit Milan draußen unterwegs bin, dann werde ich oft gefragt, warum ich solch ein Gebiss für ihn benutze. Milan hat ein Stangengebiss mit unten langem Anzug, aber ohne Zungenfreiheit, die ihm in den Gaumen drücken würde. Solch ein Gebiss sieht zwar martialisch aus, ist für ein Pferd aber weitaus weniger schlimm, als beispielsweise eine Dressurkandare. Ich reite Milan stets am langen Zügel und benutze das Gebiss nur für das Bremsen. Leider wurde Milan in den Jahren, bevor er zu mir kam, kategorisch so stumpf geritten, dass er konsequent und unverbesserlich „hart im Maul" ist. Das bedeutet, dass er wenig bis gar nicht reagiert, wenn man ihn gebisslos oder mit normaler Trense bremsen möchte, er aber andere Ideen hat. Ich habe wirklich alles ausprobiert: Sidepull, Sidepull-Trensen-Kombi, gebrochene Trense, Stangengebiss ohne Anzüge, gebisslose Zäumung mit Anzügen, Glücksrad. Das Einzige, womit ich ihn gerade noch so im Gelände reiten konnte, war das Stangengebiss ohne Anzüge. Jedoch war es ein ziemlicher Kampf, wenn Milan einen furiosen Tag hatte und oftmals hatte ich danach Schmerzen vom ganzen Gezerre, um ihn zum Stehen zu bringen. Denn ja – Milan bleibt irgendwann stehen, wie versprochen. Aber wann?! … Garantiert vor jeder Straße. Aber eben auch erst einen Meter davor. Und wenn er meint, dass der nach der Waldstrecke folgende Grasweg auch noch zu galoppieren sei, ich dort aber lieber Schritt gehen möchte, weil ich weiter vorn Menschen erspähe, dann hat er das letzte Wort, falls ich kein Gebiss mit Anzügen benutze. Und das möchte ich einfach nicht.

Man kann wunderbar mit Milan reden und unsere Kompromisse funktionieren, aber für die Feinheiten brauche ich eben eine zuverlässige Notbremse, um ihn guten Gewissens mit 50 km/h durch die Wallachei preschen lassen zu können. Verständlich, oder? Und Milan selbst findet die ewige Diskussion um angeblich schlimme Gebisse total überflüssig. Er ist halt eher so der hartgesottene Typ, den nichts umhaut. Er ist nicht sonderlich schmerzempfindlich, kann einiges ab und hat generell die Meinung „Das wird schon!". Er ist kein sensibles Pferd, welches sich mit einem Gebiss fast schon vergewaltigt fühlt, so wie Mouna. Er ist es ebenso gewohnt, dass man solche Gebisse für ihn benutzt, und er findet nichts Schlimmes daran. Wenn ich ihn befrage, dass das doch wehtun muss, und ob er nicht lieber mit Sinn und Verstand eine Absprache mit mir finden möchte, dass er mit einem weniger invasiven Gebiss sich ordentlicher verhält, sieht er den Sinn einfach nicht. Er sagt dann immer wieder: „Du hast das Problem mit dem Gebiss, ich nicht." Und er hat Recht. Er mag es sogar, ihm gibt ein Gebiss im Maul ein gutes Gefühl und eine gute Verbindung zum Reiter. Sogar, wenn ich die Zügel im Normalreitzustand durchhängen lasse. Für ihn ist es ganz einfach: Will ich ihn reiten, muss ich eben damit klarkommen, dass es nur mit diesem Gebiss geht. Mir ist das unangenehm, ich lasse das selten auf Fotos sichtbar werden, weil ich um die Meinung vieler weiß: Metall hat im Pferdemaul nichts zu suchen. Generell finden Mouna und ich das auch, jedoch ist es wie mit allen Pferdedingen: Es gibt keine pauschalen Antworten oder Richtlinien, sondern es gibt viele verschiedene Pferdetypen mit verschiedenen Bedürfnissen. Milan möchte geritten werden, unbedingt sogar. Zu seinen Konditionen, aber es geht eben nur mit diesem Gebiss. Ihn aus falscher Überzeugung gar nicht mehr zu reiten, wäre sehr unglücklich. Denn Milan hat große Freude am Ausreiten, braucht das regelmäßige Rauskommen und Laufen und wäre sehr traurig, wenn er sich „abgestellt" fühlen müsste. Er findet es toll, mich zu tragen und mit mir zusammen fast abzuheben.

Mit seiner Problemlosigkeit in Bezug auf das Gebiss in seinem Maul ist er nicht der Einzige. Viele Pferde tragen gern ein Gebiss, weil es ihnen beim Gerittenwerden hilft. Viele Pferde finden auch, dass gebisslose Zäumungen unangenehm sind, weil sie so schwammig am ganzen Kopf herumrutschen und ziehen. Andere wiederum haben eine ganz andere Meinung.

Milan findet meine freundlichen Versuche, ihn einzuladen, sich zu sensibilisieren und eine engere Verbindung mit mir zu knüpfen, indem wir frei ohne jegliches Zaumzeug auf dem Platz reiten wirklich überflüssig. Es gab eine Zeit, in der ich dachte, ich müsste ihm helfen, seine alten Themen abzulegen und seine Traumata zu überwinden und ihn aus seiner Stumpfheit ab und zu herauszuholen. Er hat diese Versuche zwar bis zu einem gewissen Grad mitgemacht und war dankbar, dass ich ihm diese Art der Aufmerksamkeit zukommen lasse. Er fand es immer schon gut, dass wir einen Dialog haben und ich ihm nichts überstülpe. Aber manchmal fand er auch einfach nur überflüssig, was wir versuchten. So wie das freie Reiten auf dem Platz. Er fand es total bescheuert, dass ich dann in seinem Verständnis keine klaren reiterlichen Signale senden konnte. Ohne Verbindung zum Maul fühlte es sich für ihn nicht richtig an. Er verstand nicht, wenn ich schon mal aufsaß, wieso wir dann nicht auch losreiten könnten, nach draußen. Er hatte auch keine Lust, das Reiten ohne Equipment neu zu lernen. Er hatte mir ja längst gesagt, dass er das Reiten auf dem Platz überflüssig findet. Dann auch noch ohne alles – wozu soll das gut sein? Er hat es zwar nett mitgemacht, sich dann aber meistens recht schnell ans Tor oder in die Mitte gestellt, dort geparkt und gewartet, bis ich merkte, dass das nicht in seinem Sinne war. Ohne was am Kopf, ohne was im Maul – was soll der Quatsch?! Milan ist da eher konservativ. Für ein reittraumatisiertes Pferd mag das hilfreich sein, aber mit dem Reiten hatte Milan nie ein Problem, nur mit dem Zwang auf dem Reitplatz. Und das kann ich verstehen und muss und möchte ich auch nicht „therapieren".

KAPITEL 7
FUTTER UND SELBSTBESTIMMUNG

Als Zootierpflegerin in einem Wildpark war es meine liebste Aufgabe, morgens mit einem Auto mit großer Ladefläche zu einem riesigen Supermarkt zu fahren, wo ich dann all die aussortierten Obst- und Gemüsereste für unsere Tiere bekam. Alles, was abgelaufen, unansehnlich oder überflüssig war, bekam ich mit. Es waren täglich ganze Mülltonnen voller Frischfutter. Zurück im Park wurde dann alles sortiert und den Tieren in die Gehege gekippt. Es war immer spannend zu sehen, wovon sie sofort viel fraßen und was sie selten oder gar nicht mochten. Es ist nicht ein einziges Mal passiert, dass ein Tier sich an etwas von diesem Frischfutter überfressen oder mit etwas vergiftet hätte. Alle wussten immer, was sie brauchten. Auch die Wildpferde dort, ein paar Koniks, aßen das, was ihnen guttat. Diese Wildpferde waren eine Zeit lang mein persönliches Projekt, mir wurde Zeit und Raum zugesprochen, mich besonders um sie zu kümmern und dafür zu sorgen, dass das erste Fohlen eine gute Grundausbildung bekam, sodass es mit einem Jahr verkauft werden könnte. Die Eltern waren beide recht scheu, der Hengst ließ sich nicht anfassen. Ich gab natürlich alles, und die kleine Stute wurde das coolste, süßeste, zutraulichste Pony unter der Sonne, schon in ihren ersten Lebensmonaten.

Ich erinnere noch, dass wir eines Tages zur Zaunkorrektur ein paar Stunden im Gehege waren und dort eine große Rolle Zaunmaterial auf der Wiese lag. Wir sahen ein paar Minuten nicht hin, bis wir bemerkten, dass die kleine Stute sich hoffnungslos im Zaunmaterial verheddert hatte, mit allen Vieren! Sie lag auf der Seite und sah völlig ruhig, aber auch irgendwie amüsiert zu uns herüber und wartete geduldig und ohne jegliche Angst, bis wir sie wieder befreit hatten. Sie hatte absolutes Grundvertrauen in die Menschen und das Leben. Ich war so stolz auf sie. Als sie nahezu ein Jahr alt war und ich schon einen Käufer für sie gefunden hatte, eröffnete man mir, dass der Park sie behalten werde – um sie als Kinderreitpony für den Park zu benutzen. Für mich brach eine Welt zusammen. Das nächste Fohlen habe ich absichtlich kaum beachtet, um diesen Fehler nicht zu wiederholen.

Das Schicksal dieser Wildpferde war kein gutes. Ich hatte sogar noch ein zweites Mal versucht, die kleine Stute freizukaufen, aber auch dieses Mal wurde es mir verwehrt. Beide Jungpferde entwickelten dann Hautkrankheiten und wurden deshalb geschlachtet, bevor sie richtig erwachsen waren. Zu dem Zeitpunkt war ich schon nicht mehr Zootierpflegerin. Danach besuchte ich die Mutterstute und den Hengst noch einmal in dem Park. Ich stand draußen am Gehegezaun und rief sie. Die Stute kam sofort zu mir galoppiert. Als sie äppelte, sah ich, dass es ihr nicht gut ging. Sie hatte Durchfall. Also informierte ich einen Tierpfleger. Bei der Stute habe ich mich entschuldigt, weil ich wusste, was mit ihren Fohlen passiert war, und ihr gesagt, dass sie versuchen sollte, so gut wie möglich auf sich aufzupassen. Sie war zu dem Zeitpunkt wieder trächtig und ich bekam ihre tiefe Traurigkeit und auch ihre Ausweglosigkeit mit. Aber ich suchte keinen Dialog, denn mehr konnte ich nicht für sie tun. Ich verabschiedete mich von ihr. Am nächsten Tag starb sie. Aus Angst vor Seuchen wurde sie obduziert. Sie hatte sich an Eicheln überfressen, die schon seit Beginn ihrer Zeit in dem Park jedes Jahr dort zu Hauf auf die Wiese fielen. Ich sprach sie nach ihrem Tod noch einmal und fragte, was passiert war. Sie antwortete mir, dass sie ihren Tod selbst gewählt habe und ihr Fohlen gleich mitnahm, bevor es in diese grausame Umgebung geboren werden sollte. Sie hatte absichtlich eine tödliche Dosis Eicheln aufgenommen. Sie wollte mich noch einmal sehen und konnte dann gehen. Meine Entschuldigung war das Letzte, was sie von diesem Leben brauchte, um sterben zu können. Auch der Hengst starb bald darauf und damit war das letzte Familienmitglied dieser Herde gestorben.

Meine Stute Mouna ist auch ein Wildpferdtyp. Ihre Mutter ist ein Konik und sie hat die typischen streifenartigen Muster an den Beinen. Ihre ganze Natur ist recht ursprünglich. Sie ist mittlerweile zwar menschenfreundlich und leicht zu handhaben, solange man sie nicht reitet, aber dennoch ist ihr Geist ganz klar ein wilder. Besonders zeigt sich das in ihrer instinktiven Futter – und Umgebungsanalyse. Jedes Pferd hat seinen Ursprung in sich, manches deutlicher und manches weniger deutlich. Je näher ein Pferd noch am Wildpferd dran ist, umso deutlicher zeigt sich das auch im Verhalten und im Alltag. Erfahrungsgemäß sind die ursprünglicheren Pferde etwas schwieriger zu handhaben und kommen schwerer in konventionellen Stallverhältnissen klar. Islandpferde sind oft sehr ursprünglich und berichten in den Pferdegesprächen sogar oft vom Wildpferdeleben in Island, obwohl sie vielleicht nie dort waren.

Mouna zeigte ihr Wildpferdverhalten schon direkt nach dem Kauf. Sie war unterernährt und ein wenig unterentwickelt mit ihren vier Jahren. Das Erste, was sie in den Tagen nach der Ankunft auf dem

Paddock tat, war, viel „Unkraut" zu fressen, was andere Pferde stehen ließen. Sie hatte einen Nährstoffmangel, den sie hierdurch ausgleichen wollte. Sie fraß natürlich nicht kopflos, sondern zielgerichtet das, was sie brauchte. Auf der Weide war ihr Verhalten nie das vieler Pferde (Kopf runter, Gras fressen, alle paar Minuten mal einen Schritt nach vorne gehen), sondern sie „zog" immer schon recht viel über das verfügbare Land. Sie erkundet gern alles, um zielgerichtet zu fressen. Dabei bewegt sie sich mehr als andere Pferde. Ein paar Jahre lang stand sie auf einer sehr großen Weide, die an ihrem Eingangsbereich vier oder fünf große Apfelbäume hatte. Jeden Herbst war Mouna das Pferd, das sich meistens dort aufhielt. Auch wenn die anderen richtig weit weg in der Gruppe grasten – Mouna stand bei den Bäumen und wartete darauf, dass die Äpfel fielen. Sie stopfte sich Unmengen davon rein und ich war sehr besorgt. Hatte ich doch gehört, dass das nicht gut für Pferde sei. Ich bat sie, sich zu mäßigen. Sie antwortete mir immer wieder, dass sie das so brauchen würde, alles okay so sei und ich mir keine Sorgen machen sollte. Dass ich ihr bitte vertrauen sollte, dass sie schon wisse, was sie fressen könne. Es war schwer für mich, aber ich ließ sie. Manchmal erwischte ich sie sogar dabei, wie sie ihren Hintern gegen den Stamm warf, um den Baum zu erschüttern und es Äpfel regnen zu lassen … sie war Profi.

Mouna erklärte mir auch immer wieder, wie wichtig es für nahezu alle Pferde sei, 24 Stunden lang Zugang zu gutem Heu zu haben, ganz ohne Fresspausen. Sogar die stoffwechselkranken oder besonders fetten Pferde sollten so fressen können, um gesund zu bleiben. Ich weiß, dass sie recht hat, und habe mittlerweile viele Entwicklungen von zu dicken Pferden gesehen, bei denen jahrelang erfolglos Heu rationiert wurde und die heute weniger fett sind, weil sie endlich 24 Stunden Zugang zu gutem Heu haben. Der ganze Organismus, der Stoffwechsel und die Verdauung eines Pferdes funktioniert eben nur, wenn er wirklich immer Zugang zu gutem Raufutter hat. Selbst dreimal tägliches Füttern von großen Mengen Heu ersetzt dies nicht. Unfreiwillige Fresspausen stören die Gesundheit des Pferdes.

Auch meine beiden Pferde mussten phasenweise damit leben, dass sie nur dreimal täglich Heu gefüttert bekamen, manchmal sogar trockene Heulage. In einer dieser Phasen bekam Mouna eine leichte Hufrehe. An genau dem Huf, an dem ihr Eisen seit ein paar Tagen locker saß. Damals trug sie Hufeisen, da ihre Hufstruktur durch jahrelangen Nährstoffmangel in ihrer Aufwuchsphase so schlecht war, dass sie ständig Hufgeschwüre bekam. Mit Eisen war sie schmerzfrei und hatte keine Geschwüre mehr. Nun aber diese Hufrehe. Das Eisen war locker gewesen, aber ich hatte darüber hinweggesehen, weil der Schmied sowieso in ein paar Tagen kommen würde.

Genau am Tag des Schmiedbesuches dann hatte sie ihren Schub. Die Eisen kamen ab, der Tierarzt kam. Die übliche Medikation wurde verschrieben, ich sollte ihre Hufe kühlen, sie nicht mehr aufs Gras lassen und ihr Heu deutlich rationieren. Die Tierärztin zeigte mir, wo Mouna wohl zu fett sei. Natürlich wollte ich unbedingt, dass mein Pferd gesund wird, und folgte allen Anweisungen. Mouna stand ab da nur noch auf einem Sandpaddock mit einem anderen Rehepferd und bekam nun noch weniger Heu in Rationen.

Als ich sie fragte, warum sie die Hufrehe hatte, antwortete sie mir, dass sie überhaupt keine Hufrehe habe. Sondern dass ihr Huf entzündet sei von dem lockeren Eisen, welches falsch vernagelt gewesen sei. Die Ursache sei nicht etwa zu fettes Gras auf der Weide, auf der sie tagsüber stand. Schuld daran, dass ihr Huf auf das lockere Eisen reagiert habe, sei eher ihr unausbalancierter Stoffwechsel, entstanden unter anderem durch die Fresspausen nachts in der Box. Wenn ich in ihren Körper hineinfühlte, dann fühlte es sich doch genau wie die klassische Hufrehe an, aber sie meldete mir vehement, dass es das nicht sei. Sie brachte mir mühsam bei, dass das, was wir als Hufrehe erkennen, etwas ganz anderes ist, als wir zu wissen meinen. Und dass die klassische Behandlungsweise die Hufrehe eher wieder einlädt, zurückzukehren als zu heilen. Sie war damit wiederholt so deutlich, dass ich es nur ein paar Wochen aushielt, auf den Behandlungsplan zu hören.

Ursprünglich sollte ich sie mindestens ein Jahr lang gar nicht mehr auf das Gras lassen. Später in dem Jahr handelte ich einen Kompromiss mit meiner mittlerweile zutiefst beleidigten Stute aus. Ich kaufte eine Fressbremse. Die beste, pferdefreundlichste, teuerste auf dem Markt, und ließ Mouna wieder auf die Weide. Doch auch das reichte ihr nicht. Sie fand es sogar so bescheiden, dass sie wütend am Tor stehen blieb, anstatt auf die riesige Weide zu laufen, und sich aus der Weide herausdrückte, wenn jemand das Tor öffnete. Sie verlangte, dann lieber eingeschnappt auf dem graslosen Paddock zu stehen, ganz ohne Fressbremse, anstatt sich diese Erniedrigung zu geben, durch kleine Löcher im Maulkorb zu fressen! Sie wisse doch selbst am besten, wie viel Gras sie brauchte! Und sie brauchte es dringend in ihren Augen.

Mehrmals zog sie diese Nummer durch, bis ich irgendwann einsah: Mein Pferd hat seinen Willen. Ich gab die Verantwortung an sie ab und sagte ihr, dass ich sie wieder wie ein gesundes Pferd behandeln und ganz aufs Gras lassen würde. Aber auf eigenes Risiko, dass sie dann im nächsten Sommer wieder Hufrehe bekäme. Das ist nun mehrere Jahre her. Sie hatte nie wieder Hufrehe, nicht mal annähernd. Heute frisst sie 24 Stunden Heu und steht auf einem großen Paddock, der auch Gras hat, mit tagsüber Weidegang in Sommer wie Winter. Sie sieht super aus, ihre Figur ist top. Ihre Hufe sind nach meinen jahrelangen Bemühungen, sie optimal zu versorgen, viel besser geworden und sie braucht keine Hufeisen mehr.

Mouna hat relativ früh auch damit angefangen, bei mir zu bestellen, welches Futter sie braucht. Ich erinnere noch, wie verblüfft ich war, dass sie Erdnüsse, Erdbeeren und Kirschen verlangte. Ich brachte ihr alles mit und sie fraß es auch. Heute weiß ich, dass fast alle Pferde instinktiv wissen, was sie fressen müssen. Genau wie die Tiere in dem Wildpark, in dem ich gearbeitet hatte. Wenn Pferde nicht unter Mangel leiden, sie also 24 Stunden Heu- oder Graszugang haben, dazu mineralisch gut versorgt sind und auch regelmäßig Kraft- und Saftfutter bekommen, dann wissen sie, welches Futter gut für sie ist. Ein Pferd, das jahrelang hungrig gehalten wurde (leider geht es sehr vielen Pferden so), könnte sich eventuell erst einmal überfressen, wenn es endlich bekommt, was es so dringend braucht. Dann sollte man sich langsam herantasten. Für gut ernährte Pferde gilt aber, dass alles angeboten werden kann und sie dann tatsächlich selbst aussuchen. Sie wissen genau, was sie fressen sollten oder mögen und auch, in welchen Mengen. Hier eine spontane und wohl unvollständige Liste dessen, was meine Pferde bisher gefressen haben: Kartoffeln, Kohlrabi, Zuckerrübe, Pastinake, Möhre, Steckrübe, Zuckermais, Rucola, Fenchel, rote Beete, Salatherzen, Kürbiskerne, Sonnenblumenkerne, Haselnüsse, Walnüsse, Cashews, Erdnüsse, Chiasamen, Leinsamen, Weizengras, Zitronengras, Ingwer, Kurkuma, Topinambur, Birnen, Äpfel, Kirschen, Erdbeeren, Himbeeren, Bananen, Blaubeeren, Mandarinen, Orangen, Mango, Ananas, Passionsfrucht, Eicheln, Bucheckern, Weidenzweige, Birkenzweige, Eichenzweige, Kiefernzweige. Meine Pferde fressen im Herbst regelmäßig auch sehr viele Eicheln, die auf den Auslauf fallen. Jedes Jahr wird mir aufgrund der Geschichte mit der Konikstute etwas unwohl dabei und jedes Jahr beruhigt mich Mouna, dass sie schon wissen, was sie tun. Sie behält recht.

Bei uns gibt es mittlerweile zwei Fütterungsdurchgänge. Der erste beinhaltet die reguläre Ration Hafer, Mineralien, Leinsamen, Sonnenblumenkerne, Äpfel, Möhren und Banane. Der zweite dann ist die Selbstbedienung, an der meine Pferde sich aussuchen können, was sie Weiteres an Obst und Gemüse fressen möchten. An manchen Tagen fressen sie viel einer Sorte, an anderen gar nichts davon. Sie möchten ein paar Dinge täglich und andere Sachen nur manchmal. Sie möchten auch nicht, dass immer alles zusammen in ihrem Futtereimer liegt. Das, was sie auf jeden Fall immer fressen möchten, soll die Vorspeise sein.

Außerdem ist Milan ebenfalls ein Pferd mit einer hungrigen Vergangenheit. Er war zwar nie unterernährt, aber körperlich geplagt durch zu lange Fresspausen. Als ich ihn kennenlernte, klagte er deshalb über Bauchschmerzen. Er wurde von der letzten Besitzerin auch regelmäßig mit kleinen Portionen Lakritze gefüttert, sodass er Zuckriges gern frisst. Und wenn er es schon bekommt, dann muss er es auf jeden Fall auffressen. Aus Angst, der alte Hungerzustand könnte sonst wieder einsetzen. Deshalb sind die Bananen und Äpfel im ersten Gang rationiert enthalten. Der große Trog mit allem anderen Obst und Gemüse kann dann einfach stehen bleiben für später. Bei Mouna waren heute zum Beispiel die Kartoffeln, der Kurkuma und die Ananas beliebt. Milan fraß alle Schwarzwurzeln und Topinambur. Den Rucola fanden beide heute nicht sonderlich lecker. Manchmal fressen sie aber eine ganze Packung davon auf.

Mit dieser Form der Fütterung kann ich sicherstellen, dass meine Pferde eine gute Grundversorgung haben und darüber hinaus aussuchen können, was sie zusätzlich gerade brauchen. Sie wissen es besser als ich. Jede Analyse, die ich oder sämtliche Fachleute über den Ernährungszustand meines Pferdes zu erstellen vermögen, ist nur ein schwaches Abbild des instinktiven Wissens jedes Wildpferdes, das in all unseren Hauspferden steckt. Es ist unser Job, ihnen ein so artgerechtes Leben wie möglich zu bieten, sodass sie ihre Instinkte ausleben können. Für mich heißt das unter anderem, dass, wenn sie nicht selbstbestimmt über das Land ziehen, Erde fressen, Obst pflücken, Zweige kauen oder grasen können, ich ihnen ein möglichst vielfältiges Nährstoffangebot machen möchte, damit sie sich versorgen können. Und wenn dieses in Form einer Ananas genutzt wird, ist das vielleicht nicht besser, als wenn ein Pferd sich in der Natur alles suchen könnte, aber immerhin sind es lebendige Nährstoffe in Frischfutterform. Und nicht einfach gepresstes, trockenes, prozessiertes Mineralfutter. Auch wir Menschen sind nicht durch Vitaminpillen optimal versorgt. Nichts ersetzt eine möglichst frische Ernährung mit lebendiger, pflanzlicher Nahrung, das haben wir (zumindest teilweise) gemeinsam. Und nur mit unverfälschter, natürlicher Nahrung ist es unseren Körpern möglich, zu spüren, wie viel wir davon brauchen.

Am besten fragt man sein Pferd einfach, was es sich wünscht. In meinen Kursen erzählen die Pferde regelmäßig von Dingen, die sie fressen möchten, die sie noch nie essen konnten. Wie das möglich ist? Es reicht, dass das Pferd jemanden kennt, der dieses Futter probiert hat. Vielleicht hat der Boxennachbar davon berichtet, wie großartig seine Bananen schmecken, oder vielleicht hast du auf dem Weg zum Stall eine Tüte Nüsse gegessen und dabei an dein Pferd gedacht. Oder vielleicht weiß es von seiner Mutter, dass Kirschen gut sind. Nur, weil es das noch nie gefressen hat, heißt es nicht, dass dein Pferd es nicht kennen kann.

Ungefähr zwei Jahre, nachdem ich Mouna gekauft hatte, wechselte ihre Figur von „zu dünn" zu „sehr mopsig". Dennoch behielt ich es bei, sie mit einem Maximum an Heu versorgt zu wissen. Sie sagte mir dazu, es sei nur eine Phase. Sie müsse aufholen, was sie in Zeiten des Mangels vermisst hatte. Ich vertraute ihr, und die Phase ging nach einem Jahr vorbei. Seitdem sieht sie gleichbleibend gut aus. Sie ist ein kleines Pferd im Ponytyp, neigt also sowieso zu Stoffwechselerkrankungen. Solche Pferde haben es etwas schwerer, wenn es um eine gute Figur geht. Ganz besonders, wenn sie in Haltungsbedingungen mit reizarmer Umgebung, ergo wenig Bewegung und rationierter Raufutterzufuhr, leben müssen. Der Stoffwechsel eines Pferdes kann nur angekurbelt werden, wenn sich der Körper auch genug bewegen und die Verdauung ständig arbeiten kann. Wenn das Pferd sich im Alltag irgendwie beschäftigt fühlt, die Nase in den Wind halten, mit seinen Freunden unterwegs sein und etwas über seinen Auslauf ziehen und im besten Fall Futter suchen kann. Es muss glücklich sein, um seinen Körper in Balance halten zu können. Ein Pferd, welches hauptsächlich darauf wartet, heraus- oder hereingelassen und gefüttert zu werden, kann kaum gesunde Prozesse im Körper unterstützen. Viele wichtige Funktionen des Körpers laufen einfach nicht rund, wenn er zu reizarm und bewegungslos bleibt. Sie müssen angekurbelt werden durch die Psyche des glücklichen, bewegungsfreudigen, fressenden Pferdes.

Eine nicht so gesunde Schlussfolgerung wird hieraus sehr oft von Pferdehaltern gezogen: Mein Pferd ist zu fett, also braucht es Bewegung – ab jetzt reite ich jeden Tag oder gehe mit ihm lange spazieren oder longiere es viel. Was viele in dieser Rechnung vergessen, ist folgender Faktor: Selbst wenn man es schafft, sein Pferd eine Stunde oder sogar zwei Stunden täglich zu bewegen, ist dies vernichtend unwichtig für seine Gesundheit, wenn es die restlichen 22 oder 23 Stunden so reizarm und bewegungsunfreundlich gehalten wird, dass es in dieser Zeit in dem stumpfen, in sich gekehrten Modus leben muss, den wir von viel zu vielen Pferden so gut kennen. Wenn dein Pferd in einem Paddock steht, der für zwei oder drei Pferde einladend wäre, sich dort mal so richtig auszutoben, und es aber zu zehnt dort stehen muss, wird es sich kaum trauen, wirklich so viel Bewegung zu beanspruchen, wie es wollte. Denn ganz sicher sind mindestens drei dieser anderen neun Pferde nicht gerade glücklich, wenn jemand ständig an ihnen vorbeikaspert. Also sorgen sie dafür, dass die Herde still bleibt. Damit alle es aushalten, ohne dass es ständig Konflikte gibt. Je mehr Pferde auf einer Fläche stehen, sei sie für ein einzelnes auch ausreichend, umso weniger bewegen sie sich dort. Ebenso macht es natürlich keinen Sinn, ein zu dickes Pferd in einer Box zu halten, in der es zum Stillstand verdammt ist. Auch Pferde, die viel rauskommen aus der Box, stehen meistens mindestens 12 Stunden darin, wenn nicht noch mehr. Für das Bewegungstier Pferd, welches in der Natur deutlich mehr als die Hälfte der Tageszeit in Bewegung ist, ist dies auf Dauer einfach krankmachend.

Es gibt sogar eine Studie, die zeigt, wie wenig wichtig die menschengemachte Bewegung des Pferdes, also die „Arbeit" mit ihm, in der Gewichtsabnahme ist. Es wurden zwei Gruppen von gleichermaßen auf Diät gesetzten Pferden darin unterschieden, dass die eine Gruppe täglich mehr von Menschen bewegt wurde und die andere nicht. Die bewegte Gruppe nahm nur einen klitzekleinen Prozentsatz mehr ab als die unbewegte Gruppe.

Lass es also gut sein. Es bringt nichts, dein Pferd zu zentrifugieren oder im Kreis zu reiten, nur weil es zu dick ist. Was du wirklich ändern musst, ist die Haltungsform deines Pferdes. Vor allem den Zugang zu Raufutter und die Bewegungsmöglichkeit, die es ohne dich hat. Außerdem solltest du dafür sorgen, dass es glücklich sein kann und es nach seinen Wünschen fragen. Nur dann wird es gesund werden können. Du kannst dir getrost sparen, kleine Heurationen in unendlich viele Netze zu stopfen und ein schlechtes Gewissen zu haben, wenn du dein Pferd heute mal nicht 30 Minuten hast traben lassen. Sorg aber bitte dafür, dass es glücklich sein kann, wenn du nicht da bist. Dass es sich ausleben und bewegen kann und möchte. Mit genügend Raufutter, Bewegung und Spaß in der richtigen Herde und ganz besonders damit, was es sich individuell wünscht. Dann wirst du gar nicht so schnell gucken können, wie es seine Topfigur bekommt.

Dies gilt natürlich nicht nur für die typischen Stoffwechselkandidaten, welche zu aufgeschwemmten Körpern und Krankheiten wie Ekzem, Hufrehe und so weiter neigen. Auch stressbedingte Krankheiten wie Kolik, Magengeschwüre oder Verspannungen, die zu Lahmheiten und Gelenkproblemen führen, werden durch die pferdefreundliche Haltung, durch Glücklichsein und durch Fütterung minimiert.

Der wichtigste Faktor ist und bleibt, dass dein Pferd glücklich ist! Nur glücklich kann es wirklich gesund sein. Was es dazu braucht, weiß es selbst am besten.

Im Folgenden möchte ich versuchen, die Aussagen von Pferden zum Thema Fütterung und Heu annähernd zusammenzufassen. Denn das Thema Hunger ist leider jenes, welches mir immer und immer wieder in Pferdegesprächen begegnet. Ein Thema, welches so viele tragische Missverständnisse in der Pferdewelt beinhaltet. Ein Thema, welches Grundlage so vieler hausgemachter Pferdekrankheiten ist. Und leider auch ein Thema, welches negativ behaftet ist: Pferde, die Vielfraße. In den Kursen lachen viele Teilnehmer, wenn ein Pferd äußert, dass es am liebsten frisst. Dass es von grünen, saftigen Wiesen träumt oder von Bergen von Hafer, Äpfeln oder Karotten. Wir haben gelernt, dass ein aggressiv ins Gras ziehendes Pferd an der Hand ungehorsam und verfressen ist, faul vermutlich auch noch. Doch was sagt der Großteil der Pferde dazu?

Viele Pferdemenschen haben schon verstanden, dass 24 Stunden frei verfügbares Heu für fast alle Pferde ein gesundheitsbringender, notwendiger Segen ist. Die meisten von ihnen denken aber, dass diese Raufütterung nebst synthetischer Mineralversorgung alles ist, was ein Pferd braucht. Viele denken, dass wenn ein Pferd nicht arbeitet, es auch kein weiteres Futter braucht. Es gibt genügend Wildpferd- und Fütterungsexperten, die aus wissenschaftlicher Sicht erklären könnten, warum Pferde was fressen sollten, aber ich gehöre nicht dazu. Ich kann nur sagen, was die Pferde selbst äußern. Ich versuche, hier die wichtigsten und häufigsten Aspekte aus Pferdegesprächen in Bezug auf Fütterung zu beschreiben:

KRAFTFUTTER

Sehr viele Pferde wünschen sich in den Pferdegesprächen mehr oder
überhaupt Kraftfutter. Sie zeigen mir große Mengen, meist Hafer,
manchmal auch andere Komponenten. Sie zeigen mir Getreide. Wenn
ich das äußere und die Menschen berichten dann, was ihr Pferd an
Kraftfutter bekommt, dann ist es meistens gar nichts oder es wird
von kleinen Mengen industriell gefertigter Mischungen gesprochen
(„Die und die Firma ist ja sehr gut …"), deren Inhaltsstoffe fast ausnahmslos getreidefrei und abenteuerlich sind. Meistens sogar werben
diese Hersteller damit, dass besonders wenig Energie darin sei. Das
ist nicht das, was Pferde mit Kraftfutter meinen. Sie meinen Futter,
welches ihnen Kraft gibt. Sie meinen energiereiches Getreide. Meistens ist das Hafer.

Bei dem Wort Hafer schreien innerlich viele Pferdemenschen auf.
Haben wir doch gelernt, dass unsere Pferde von Hafer wild werden,
fett oder auch krank. DAS GEGENTEIL IST DER FALL. Ich schreibe
das groß, damit es deutlich wird: Hafer beziehungsweise gutes Kraftfutter bringt den Organismus des Pferdes in Schwung. Es füllt Lücken,
die getrocknetes Gras nie füllen kann. Es bringt ein Sättigungsgefühl,
das bei uns mit einem großen Teller dampfender Kartoffeln vergleich-
bar ist. Die wichtigen Bestandteile des Hafers machen das Pferd gesund,
glücklich und fit. Es gibt sehr viele, unterernährte Pferde mit dicken
Bäuchen und hohlen Augen, die angeblich abnehmen müssen. Wenn
diese Pferde in den Pferdegesprächen fast schon verzweifelt eine
große Menge Kraftfutter wünschen und die Menschen sich dann
tatsächlich trauen, dem nachzukommen, passiert Folgendes: Der
Bauch wird kleiner, weil die Verdauungsorgane endlich wieder das
verdauen dürfen, was ihnen fehlte, sie müssen also weniger aufgebläht
sein. Die Muskeln werden gestärkt und wachsen, das Pferd wird
runder um die Schultern und das Becken, alles sieht straffer aus, aber

nicht speckiger. Es wird fröhlicher, lebhafter und ruhiger, weil es weniger Hunger und Mangel leidet. Ich möchte ausdrücklich betonen, dass dies besonders oft von Pferden laut wird, die eben nicht oder kaum „gearbeitet" werden. Fast alle Pferde benötigen Kraftfutter, weil ihnen durch die einseitige Fütterung mit unserem artenarmen Gras und Heu einfach zu viel fehlt. Ein durchschnittliches Pferd wünscht sich zwischen zwei bis acht Liter Getreide am Tag, um gesund und fit zu bleiben.

HEU

Wie schon erwähnt haben Pferde das ganz große Bedürfnis, immer Zugang zu Raufutter zu haben. Nur sehr kranken Pferden, deren hausgemachte Stoffwechselstörung schon zu weit fortgeschritten ist, tut eine Rundum-Heuversorgung nicht mehr gut. Für alle anderen Pferde gilt: Sie benötigen Heu in großen Mengen zur ständigen Verfügung. Zwei oder dreimal tägliche Heufütterung mit der in Fütterungsrichtlinien angegebenen Menge verursacht bei fast allen Pferden Hunger. Dieser Hunger tut weh, es ist ein drückender Schmerz im Bereich des Magens und des Darms. Ein Pferd ist physiologisch nicht auf Fresspausen ausgelegt, und das Gefühl, das Pferde mir vermitteln, die in Hunger ausharren müssen, ist leidvoll, angstvoll und schmerzhaft. Aus diesem Hungergefühl entsteht extrem häufig eine gewisse Herdenaggression, die unter den Pferden ausgelassen wird. Von diesem Hunger bekommen unsere Pferde schlechte Laune, sie werden unglücklich und sie werden davon krank. Die Vorgänge in ihren Verdauungsorganen verkomplizieren sich ohne ständige Raufuttergabe und die Pferde entwickeln Stoffwechsel- und andere Krankheiten.

Viele Pferde beschweren sich über die Qualität oder auch die Energiedichte des Heus. Zum Glück wissen Pferdehalter fast immer, was ihr Pferd meint, wenn es sich zum Heu äußert. Da ist unser Kenntnisstand schon recht weit fortgeschritten. Erster Schnitt, zweiter Schnitt, Staub, Geruch, etc., das alles nehmen Pferde so wahr, wie wir es bewerten. Ein Pferd, das zu mageres Heu frisst, bekommt ebenso Hunger und wünscht sich meist große Mengen an Kraftfutter für die Energiegabe. Schlechtes Heu ist durch viel und gutes Kraftfutter einfach über einen nicht zu langen Zeitraum auszugleichen. Fehlendes Heu allerdings ist nur durch Gras zu ersetzen.

GRAS

Wir alle kennen die grasversessenen Pferde, die, besonders kurz vor dem Anweiden, fast schon verrückt werden, wenn sie nicht an frisches Grün dürfen. Sie gelten als ungezogen und verfressen. Tatsächlich brauchen Pferde frisches Gras. Alle von ihnen. Nicht nur im Sommer. Es ist nicht einfach, das für Pferde zu bewerkstelligen, da die heutige Pferdehaltung selbstverständlich so tut, als wäre Heu ein ganzheitlicher Grasersatz. Aber Heu ist totes, getrocknetes Gras. Eine Tüte Trockenobst wird mir vielleicht guttun, aber ein Teller frischer Obstsalat macht mich gesund. Ernährte ich mich den ganzen Winter nur von Trockenobst, hätte ich im Frühjahr ein körperliches Defizit und würde mich auf jeden Apfel stürzen, ohne verfressen zu sein. Gras ist ein sehr, sehr wichtiger Bestandteil für die Gesundheit des Pferdes. Und jetzt Obacht: Ganz besonders kranke Pferde brauchen Gras! Kolikpferde, Hufrehepferde, stoffwechselkranke Pferde brauchen Gras. Sie brauchen Gras, welches lang gewachsen ist und welches artenreich ist. Jedes Pferd sagt mir das, und sie haben recht. Sie brauchen es dringend, denn es enthält lebendige Vitalstoffe, welche das Pferd optimal versorgen. Gutes, gewachsenes, artenreiches Gras ist DIE Nährstoffquelle eines jeden Pferdes. Kaum ein Pferd sieht besser aus, als wenn es im Sommer auf der vollen, artenreichen, nicht abgefressenen Wiese steht. Wird sein Bauch von der Wiese zu dick oder wird es speckig, dann liegt das nicht an „zu viel Gras", sondern an falschem, einseitigem Gras und zu wenig Kraft- und Raufutter, an gestörtem Stoffwechsel durch jahrelange Mangelernährung. Pferde müssen lebendiges Gras pflücken dürfen, zu jeder Jahreszeit, so regelmäßig wie nur möglich. Pferde, die monatelang oder jahrelang kein Gras fressen dürfen, haben ein fast schon verrücktes, gerechtfertigtes Verlangen danach. Sie erleiden einen existenziell wichtigen Mangel. Es macht sie glücklich, sich lebendig und gesund von Gras ernähren zu dürfen.

MINERALIEN

Pferde wünschen sich oft organische, lebendige Mineralien und nicht nachgebaute, die in den meisten Mineralbrickets oder Pellets vorhanden sind. Können diese nicht über lebendiges Grün- und Saftfutter aufgenommen werden, lohnt es sich, einen guten Hersteller natürlicher Mineralien ohne unnötige Zusätze zu suchen. Der Mineralmangel ist nicht sehr häufig Thema in den Pferdegesprächen, Hunger aufgrund von fehlendem Kraftfutter oder Heu ist weitaus häufiger.

SAFTFUTTER

Viele Pferde wünschen sich alle möglichen Obst- und Gemüsesorten oder auch Wurzelsorten und Zweige neben ihrer oben beschriebenen Fütterung. Ganz besonders im Winter, wenn keine Grasversorgung gegeben ist, können lebendige Früchte Pferden helfen, das zu bekommen, was ihrem Körper derzeit mangelt. Manche Pferde probieren fast alles gern, von Fenchel, Rüben, Kohlrabi über Kartoffeln, Beeren, Melonen, Bananen, Papayas, Zitronengras bis hin zu Kurkuma, Ingwer und so weiter. Andere Pferde sind da zu sehr geprägt und mögen das meiste nicht mal probieren. Ein Pferd selbst wählen zu lassen, ist eine einfache Variante, es an lebendige Vitalstoffe kommen zu lassen. Auch hier dürfen die Mengen groß sein, vielleicht nach einiger Gewöhnung. Noch kein einziges Pferd hat zu mir gesagt: „Die Fruktose tut mir nicht gut", das ist ein Irrglaube.

Insgesamt ist es wichtig, zu verstehen, dass die gewohnte Haltung, den Pferden wenig bis gar nichts an vielem des oben Beschriebenen zukommen zu lassen, kontraproduktiv ist. Von zu wenig und einseitigem Futter werden Pferde krank, nicht von zu viel! Hufrehe entsteht nicht durch Gras, sondern durch falsche Hufbearbeitung oder durch Vergiftung oder durch Mangelernährung und vielleicht noch durch ganz andere Dinge. Kolik entsteht nicht durch Futter, sondern durch Stress und Hunger und den verzweifelten Versuch, diesen auszugleichen. Dicke Bäuche sind nicht immer fett gefressen, sondern oftmals aufgebläht durch Mangel und ein unausgeglichenes Verdauungssystem.

Ich kann mir vorstellen, dass diese Informationen nicht leicht verdaulich sind für uns Pferdemenschen, werden uns von den vermeintlichen Fachleuten doch immer wieder ganz andere Sachen erklärt und schlüssig dargestellt. Aber ganz egal, wie schlüssig und wissenschaftlich fundierte Menschenmeinung sein mag, so wird sie in einigen Jahren vielleicht veraltet sein.

Bitte traue dich, die Mangelernährung deines Pferdes abzustellen. Traue dich, mit ihm in den Dialog darüber zu gehen, was es braucht und wie ihr es schafft, dass es satt, glücklich und gesund sein darf.

KAPITEL 8

SPRECHEN MIT EIGENEN PFERDEN

Das Sprechen mit Tieren auf telepathischer Basis nennt sich allgemein „Tierkommunikation". Hierfür muss man das Tier nicht getroffen haben, es reicht ein Foto, welches nicht mal sonderlich aktuell sein muss, um gedanklichen Kontakt aufnehmen und wirkliche Gespräche im Geiste führen zu können.

Meinen Schülern erzähle ich immer gern eine Geschichte von meiner Stute Mouna und mir, wenn es um das Thema Sprechen mit eigenen Pferden geht. Als Anfänger der Tierkommunikation stellt man recht schnell fest, dass die Kontaktaufnahme zu Pferden kinderleicht ist. Aber eben nur, wenn man es schafft, dem inneren Kritiker kein Gehör zu schenken, der die ganze Zeit sagen will: „Das denkst du dir nur aus!" Ergo ist es anfangs besonders einfach, mit wildfremden Pferden zu sprechen, über die man nichts weiß, die man noch nie „live" gesehen hat. Denn alles, was man dann übermittelt bekommt, ist einem völlig unbekannt und kann also nicht ausgedacht sein. So holen sich meine Schüler im Pferdeflüsterer-Basiskurs ihre ersten

Erfolgserlebnisse. Sie stellen auch schnell fest, dass die Treffer über reine Zufallstreffer oder Raterei deutlich hinausgehen.

In vielen Büchern steht, dass das Sprechen mit eigenen Tieren sehr viel schwieriger sei. Meine Meinung dazu ist aber: Das Gegenteil ist der Fall! Das Sprechen mit dem eigenen Pferd ist am einfachsten. Weil man die enge Bindung bereits hat. Weil man sich im besten Fall schon in- und auswendig kennt. Weil die Kommunikation untereinander längst ein eingespielter Selbstgänger ist. Und so spricht man eh immer miteinander, wenn auch vielleicht unterbewusst. Ich vergleiche das gern mit menschlichen Beziehungen, die wir führen: Ein Elternteil kennt sein Kind besser als alle anderen Menschen. Und dennoch ist das Gespräch mit seinem Kind („Räum dein Zimmer auf!" – „Du hast mir gar nichts zu sagen!") manchmal das Schwierigste. Man steht sich nahe, man hat sehr viele Schnittmengen im Alltag, in den Ansichten und im gesamten Leben. Und so ist man eben nie unbeteiligt, sondern immer voll involviert in fast alle Lebenssituationen voneinander. Man kann also immer nur aus der einen Perspektive sprechen und nie alles mal von außen betrachten. Man kennt das vielleicht auch aus einem Streit mit dem Partner: Man wirft sich Vorwürfe und Beschuldigungen an den Kopf und kommt nicht auf den Punkt. Dabei wollen beide dasselbe, nämlich Zuneigung und Verständnis. Aber man schafft es einfach nicht, aus der eigenen Emotion auszutreten und das Verständnis für den anderen aufzubringen, weil man selbst so verletzt ist. Man steckt zu tief in der Situation drinnen, man ist selbst sehr beteiligt. Man kann also immer nur aus der einen Perspektive auf den anderen schauen: Direkt von gegenüber, nahe aneinander.

So ist es auch bei Tieren. Manchmal sage ich liebevoll, dass Mouna mir mit ihren Hufen ständig auf den Füßen steht. So nahe tritt sie mir. So verbunden sind wir. Ich kann kaum an ihr und ihren Meinungen vorbeischauen oder vorbeihören. Ihre großen, weichen, tiefen Augen schauen mich immer ganz direkt an. Ich schaue immer aus meiner Sicht auf sie, die ihr genau gegenüber ist, auf Augenhöhe. Sie liebt mich, sie möchte mir nahe sein, ein Teil von mir sein. Ich liebe sie sehr und mir geht es genau so. Und so teilen wir viele Emotionen und Gedanken, ohne dass wir immer genau wissen, wer diesen Anteil in uns ursprünglich aufgebracht hat. Unsere Seelenschnittmenge ist groß.

Wenn ich aber möchte, dass ich eine ganzheitliche, neutrale, erhellende Antwort auf eine wichtige Frage an mein Pferd erhalte, dann erledigt das am besten jemand, der einen Blick von außen auf die Dinge hat. Jemand, der nicht emotional involviert ist und dem es einerlei ist, was die genaue Antwort sein wird. Jemand, der nichts Bestimmtes hören will von diesem Pferd, und jemand, dem sich das Pferd ehrlich öffnen kann, ohne Angst, ihm zu nahe zu treten oder ihn zu enttäuschen mit dem, was es sagt.

Denn ja, es ist durchaus möglich, dass Mouna zu mir sagt, sie möchte unbedingt etwas so machen, wie ich es sage. Aber wenn jemand anderes fragt, kann es sein, dass sie nach einigem Überlegen feststellt, dass sie das vielleicht doch nicht so möchte. Auch kann es passieren, dass Mouna schon zu beleidigt auf mich ist, weil ich mich an ihre, oftmals etwas abgehobenen, Lebensratschläge immer noch nicht halte. Wenn ich dann wieder einmal „auf dem Schlauch stehe", hat sie keine Geduld mehr mit mir. Jemand anderem aber könnte sie wohlformuliert erklären, in was für einer Situation wir uns befinden und wie wir weiterkommen.

KAPITEL 9

MOUNAS GESCHICHTE

Bevor ich Mouna bekam, überlegte ich mir, wie mein erstes, eigenes Pferd sein dürfe: „Ein Ponytyp wäre toll, eine Stute. Mit wildem Fell, am liebsten ein Falbe. Sie soll ein süßes Gesicht haben, einen eigenen, wilden Kopf. Sie darf gern ein Thema mitbringen, an dem wir gemeinsam arbeiten. Sie muss nicht unbedingt reitbar sein. Sie darf ihre eigenen Thematiken mitbringen. Hauptsache, sie ist mein Herzenspferd." Voila! Pass auf, was du dir wünschst!

Mouna kam und sie war genau das. Sie ist tatsächlich wild, ihre Mutter ist ein Konik, sie trägt noch Reste der Wildpferdstreifen an ihren Beinen und sie ist mit allen ursprünglichen Sinnen ausgestattet, die in manchen Zuchtpferden weniger stark ausgeprägt sind. Als ich sie bekam, war sie vier Jahre alt, wirkte aber unterentwickelt und war definitiv unterernährt. Im ersten Jahr ging es für sie nur darum, bei mir anzukommen. Sie war introvertiert und hatte an vielen Traumata zu knapsen. Später begann ich, sie anzureiten. Ich liebe Reiten! Mein größter Wunsch war es, mit Mouna möglichst frei mit möglichst wenig Equipment im Galopp über die Felder zu fliegen.

Mouna war immer schon ein sehr liebes, sanftes, wenig wehrhaftes Pferd. Mit absoluten Prinzipien. Als sie merkte, was ich von ihr wollte, tat sie alles, um meine Wünsche zu erfüllen. Alles, was in ihrer Macht stand. Ich kam nicht wirklich auf die Idee, sie anfangs mal generell zu fragen, was sie vom Reiten halten würde. Ich dachte, wenn sie mitmacht, dann stimmt sie zu. Was für ein dummer Irrglaube, den ich sofort für jeden anderen als Außenstehende erkannt hätte. Damals aber war ich noch nicht so weit. Sie machte mit. Zurückhaltend, langsam, aber brav. Ich dachte, es läge an ihrer Vergangenheit und Introvertiertheit, und teilweise hatte ich damit recht. Ich suchte mir diverse Trainer und Lehrer und Unterstützer, doch niemand gefiel Mouna und mir, niemand konnte uns wirklich helfen. Also suchte ich den Fehler bei mir.

Ich hatte immer eine große Ruhe mit Mouna, die uns aber nie die erforderliche Vorwärtsenergie brachte. Alle Mühen verliefen immer so im Sande und ich fand immer neue Gründe, warum ich sie lieber in Ruhe lassen sollte mit diesem Reitkram. Also dachte ich, ich müsste halt forscher sein. Oder mutiger. Oder bestimmter. Als das nicht zum gewünschten Ergebnis führte, entschied ich, dass ich doch rücksichtsvoller sein müsste, ruhiger, kleinschrittiger. Aber es half nichts. Ich versuchte, einfach mehr zu üben und ganz viel überschwänglich zu loben. Dachte, die Routine würde es schon machen. Dann wieder versuchte ich es mit Pausen. Mit langen Einheiten, mit kurzen. Mit freiem Reiten, mit Ausreiten, mit Viel-auf-dem-Platz-Reiten, mit Gar-nicht-auf-dem-Platz-Reiten. Es blieb dabei, dass mich Mouna mäßig begeistert trug und ich mich immer fühlte, als wäre ich ein Stück Butter auf ihrem Rücken: Ich konnte jeden Moment hinuntergleiten. Und das tat ich auch, weitaus öfter als einmal. Ich bin ein sicherer Reiter, habe ohne Sattel reiten gelernt und kann im gestreckten Galopp mit losen Zügeln ohne Sattel reiten. An meiner Balance liegt es also nicht. Mouna aber fühlte sich einfach nie wirklich damit wohl, einen Menschen zu tragen. Erstens behagt ihr das belastende Gefühl von Gewicht auf dem Rücken nicht, zweitens kann sie die Verantwortung über mein Leben nicht wirklich auf sich nehmen und drittens garantiert sie für nichts, wenn sie eine Situation als unsicher einstuft. Unsichere Situationen gibt es leider viele, auch wenn ich als mutige, selbstbewusste Reiterin durch alles hindurchgeritten wäre – ein kleiner Teil liegt immer auch bei Mouna, wenn ich auf ihr sitze. Sie muss es zumindest wollen.

Alle Bemühungen meinerseits quittierte sie stets mit derselben Energie: Sie versuchte es, sie ertrug es ein Stück weit, aber am Ende landete ich immer wieder auf dem Boden der Tatsachen. Zweimal war mein Rücken ernsthaft verletzt, einmal verlor ich nach dem Sturz das Bewusstsein, einmal brach ich mir die Hand. Etliche Osteopathen lebten gut von mir, bis heute spüre ich einige der Folgen dieser Flüge von meinem bockenden, wilden Pony. Dennoch hatten wir auch viele tolle Momente: Mouna musste nie kopflos wegrennen oder durchgehen. Sie musste nie hinter Milan herpreschen, wenn dieser im Affentempo von uns weggaloppierte. Wir galoppierten durch Wälder, preschten einmal sogar über ein Feld. Ich weiß noch, dass mir dabei sehr bewusst war, dass ein Fehltritt von Mouna unser beider Ende bedeuten könnte. So etwas denke ich auf Milan nie und er rennt noch viel schneller und unkontrollierter. Ich bin sicher: Mouna und ich teilten diese Gedanken. Ihre Unsicherheit war auch meine. Wir hatten sehr schöne Einheiten auf dem Platz und besinnliche Ausritte mit viel Schritt und Trab. Oftmals gemeinsam mit Milan und seiner damaligen Reitfreundin Leena. Ich konnte mit Mouna auch einfach so am Halfter im Schritt und Trab spazieren reiten, während mein damaliger Hund Merlin frei mitlief. All diese Momente werde ich niemals vergessen. Sie sind wie Schätze für mich. Jedoch blieb es dabei, dass wir acht Jahre lang nie wirklich im Reiten ankamen, Mouna nie wirklich begeistert dabei war und es für mich eine lebensgefährliche Angelegenheit blieb. Nach meinem Handbruch gab ich endgültig auf. Drei Tage lang war ich stinkwütend auf Mouna, weil sie mich trotz Bitte um Vorsicht meinerseits und mit Ansage ihrerseits nachhaltig abgebockt hatte. In diesen drei Tagen war auch Milan sehr wütend auf sie und meine beiden Pferde standen stets jeweils an entgegengesetzten Enden des Paddocks. Als die Wut verflogen war, kam ich zur Besinnung:

Mein Pferd hatte nie so richtig eingewilligt in meinen Traum vom Reiten. Sie hatte leise „Na gut, versuchen wir es" gesagt. Wenn man aber Mouna gefragt hatte, was ihr großer Traum sei, so hatte sie stets, in jedem Kurs, immer von einem gesprochen: Endlich ein Fohlen zu bekommen. Mouna war jahrelang das erste Tier, das meine Schüler sprachen, und so kam sie regelmäßig zu Wort. Daneben sprach sie viel davon, wie sie graste, über die Weide galoppierte, von mir gekrault wurde und einfach ihr Leben genoss, an meiner Seite. Als freies Mutterwildpferd in einer Herde mit ihrer Menschenfamilie und Milan. Damit war sie stets äußerst klar. Kaum jemand sah Mouna jemals in Reitsituationen, geschweige denn mit Equipment an ihrem Körper, wenn man mit ihr sprach. Sie war eindeutig in dem, was sie vermittelte. Ich war es, die eine andere Rolle für sie vorgesehen hatte. Auch wenn ich anfangs als Wunsch ans Universum geschickt hatte, dass sie eben nicht reitbar sein müsste.

Als ich das begriff, wurde mir klar, dass es nun an der Zeit war, an ihrem größten Wunsch zu arbeiten und nicht mehr an meinem. Zwei Pferde waren mir immer genug, manchmal sogar mehr als das. Ein drittes Pferd, Mounas Fohlen, in mein Leben zu holen, war kein Anliegen von mir, das ich unbedingt realisieren wollte. Klar hatte ich mir schon immer gewünscht, ein eigenes Fohlen aufzuziehen. Jedoch fand ich nie, dass jetzt der richtige Moment sei oder die Umstände gut genug dafür wären. Mouna wurde jedoch auch nicht jünger, und ähnlich wie bei Menschenkindern ist es selten der genau richtige

Moment, wenn sie kommen. Wir lebten zu diesem Zeitpunkt bereits seit einem Jahr auf unserem kleinen Hof, auf dem wir heute noch leben. Also ließ ich mich darauf ein.

Schnell wurde klar, dass es nur einen Weg für Mounas Fohlen gab: eine Befruchtung durch unsere Tierärztin mit gelieferten Hengstsamen. Mouna wollte weder hier weg, um gedeckt zu werden, noch wollten sie und Milan hier einen Hengst sehen. In einem Kurs berichtete sie sogar einem Teilnehmer ungefragt von ihren Plänen, dass es zwar ein schwarzer Hengst sein sollte, der der Vater ihres Fohlens wäre, dieser aber niemals auf sie aufsteigen würde. Der arme Teilnehmer war damals recht ratlos, was das alles heißen sollte, bis ich ihn aufklärte. Das war sein absolutes Aha-Erlebnis für die Tierkommunikation, er absolvierte die gesamte Ausbildung zum Tierkommunikator bei mir. Meine beiden Pferde waren sich also einig, dass das Fohlen ihr Fohlen werden würde und Milan die Vaterrolle einnehmen wollte. Mounas Wunsch für den Hengst war: „Wild und schwarz!" Sie hätte am liebsten einen echten Mustanghengst als Vater ihres Fohlens gehabt, jedoch war das nicht unbedingt in meinem Sinne – ein bockendes, wildes Urpferdchen reicht mir eigentlich in meinem Bestand. Ich reite immer noch sehr, sehr gerne und hoffte, dass unser Fohlen zumindest gute Voraussetzungen dafür mitbringen würde. Dennoch suchte ich nach Mounas schwarzem Hengst und fand ihn auch. Ein stattlicher Mustanghengst, schwarz wie die Nacht. Auf jedem Foto schaute dieses Pferd entschlossen und wild in die Kamera. So etwas imponiert mir, ich mag Pferde mit einem gewissen Dickkopf. Ich klickte mich durch die Bilder und entdeckte zuletzt das einzige Foto, auf dem der Hengst Equipment trug: einen anscheinend nigelnagelneuen Westernsattel, der irgendwie falsch auf ihm aussah. Passend dazu schaute der Hengst NOCH grimmiger und genervter in die Kamera, als wollte er sagen: „Genau fünf Sekunden lang dulde ich dieses Teil auf meinem Rücken, bevor ich hier ein Rodeo hinlege …"

Ich suchte weiter. Da Milan die Vaterrolle für sich vorsah, schaute ich nach Scheckhengsten, die auch scheckige Fohlen vererbten. Das Fohlen sollte auch Milan ähnlich sehen. Ich wollte einen Hengst, der mindestens so groß, aber nicht sehr viel größer als Milan war. Bald schon hatte ich meinen Favoriten ausgemacht. Einen Barockpintohengst namens Sir Ludwig. Er hat eine absolut schön verteilte, interessante Rappscheckung mit einer großen, weißen Blesse. Also immerhin auch schwarz. Er ist schlank und sportlich, trotzdem kräftig gebaut und hat dazu noch eine wunderschöne, volle Mähne. Ich besuchte ihn, um mir mein Bild von ihm bestätigen zu lassen: ein nobler, höflicher, menschenfreundlicher, umgänglicher und dennoch wacher und energiegeladener Typ. Sir Ludwig ist Hengst durch und durch und trotzdem gut händelbar für Menschen. Er lebt mit seiner Herde zusammen und wird auch geritten. Seine Nachkommen wurden bisher angeblich alle selbst und problemlos von den Besitzern eingeritten. Das klang vielversprechend! Mouna ließ sich auf den Kompromiss dann auch schnell ein, schließlich ist Sir Ludwig wunderschön und zumindest ein halber Rappe. Seine Fohlen erben fast immer seine Ausstrahlung, seinen klaren und schönen Kopf und sind fast ausnahmslos Dunkelbraun- oder Rapp- schecken. Tatsächlich hatte Mouna stets ein kleines, sehr helles, beiges Fohlen gezeigt, wenn sie von ihrem Traum sprach. Aber ich war sicher, dass sie auch mit einem dunkel gescheckten Babypferd zufrieden sein würde.

Die Sache war also beschlossen und die Tierärztin hatte mich instruiert, auf ihre Rosse zu achten. Das war nicht sehr einfach für mich, da Mouna nicht deutlich rosst. Ich bat Mouna also darum, mir Bescheid zu sagen und auch Zeichen zu geben, falls ich zu blöd wäre, sie zu verstehen. Natürlich ließ sie sich nicht lang bitten und verriet mir, wann ihre nächste Rosse beginnen würde. Noch bevor wir überhaupt die Besamung starten konnten, war Mouna wieder einmal das erste Tiergespräch für einige meiner Schüler, und dieses Mal erzählte sie nicht mehr von ihrem Traum, ein Fohlen zu bekommen, sondern ging direkt dazu über, allen zu sagen, dass sie bereits trächtig sei. Sie zeigte sich mit dickem Schwangerschaftsbauch, voller Vorfreude, voller mütterlicher Glückseligkeit und mit einem großen, wunderbaren Schatz in ihrem Bauch. Ich musste sehr lachen darüber, dass sie es schon für ausgemachte Sache verkaufte, obwohl sie genau wusste, dass es noch nicht in ihr wuchs. Sie war geradezu euphorisch. Sie war so voller Liebe für das nicht mal gezeugte Fohlen, was sie erwartete, dass ich auf eine Idee kam: Ich wollte es mir genauso vorstellen, wie sie es tat. Und mit ihm sprechen.

KAPITEL 10
MAKANIS ENTSTEHUNG

Das Sprechen mit Tieren ist eine ganz simple Angelegenheit. Deshalb ist es auch so schnell beigebracht. Man braucht dafür keine Voraussetzungen, keine besondere Gabe und man muss dafür nicht einmal sonderlich gedankenklar oder innerlich ruhig sein. Das erkläre ich jedem, der damit beginnen möchte. Nicht so oft aber spreche ich darüber, dass das Sprechen auch mit verstorbenen Tieren funktioniert. Um es kurz zu machen, warum das so ist: Das Bewusstsein des Tieres verschwindet nicht mit seinem Körper. Die Seele bleibt und sie bleibt auch ansprechbar. Ein Tier kann jederzeit angesprochen werden, nachdem es verstorben ist. Ich habe schon viele dieser Gespräche geführt. Man mag meinen, dass diese Tiergespräche ganz besonders traurig wären, aber das ist tatsächlich nicht der Fall. Sie sind sogar besonders schön. Denn wenn man den Übergang in den Tod geschafft hat, kommt man im Universum an und dort herrscht allumfassende, bedingungslose, endlose Liebe. Auch wissen fast alle Tiere, dass nach dem Tod nicht das große Nichts wartet, sondern eine Wiedergeburt möglich ist. Aber das nur zur Erklärung, wieso ich auf die Idee kam, mit unserem Fohlen zu sprechen, bevor es überhaupt in Mounas Bauch war. Eine Seele kann auch ohne Körper ansprechbar sein.

Ich malte mir das Fohlen einfach genauso aus, wie ich es mir wünschte. Es sollte gescheckt sein, in der Scheckverteilung Milan ähnlich, in der Farbe von Mouna. Also ein Falbschecke. Ich wünschte mir etwas lieber einen Hengst als eine Stute, vor allem aber sollte es ein lebensfrohes, neugieriges, sensibles, aber mutiges, menschenfreundliches und für jeden Spaß bereites Pferdchen werden. Eines, das Lust darauf hatte, Abenteuer mit mir zu erleben, und welches Neues gern spielerisch für sich entdecken wollte. Ein echtes Kumpelpferd also, welches sich als bester Freund an meiner Seite fühlen sollte, damit wir möglichst viel Spaß miteinander hätten. Natürlich sollte es wunderschön werden, am liebsten mit Mounas schönen, grazilen Gesichtszügen und ihren schokobraunen Ohrenspitzen. Im Stockmaß noch etwas größer als Milan. Damit es mich gut tragen könnte, wenn es auch das Reiten so spannend und toll fand wie ich. Dieses kleine Pferd stellte ich mir als unser Fohlen vor und sprach es auch an mit der Bitte, seinen Weg zu uns zu finden. Es antwortete mir völlig unproblematisch und frei jeglicher Sorgen und Ängste, dass es sich darauf freuen würde.

Auch wenn ich schon seit mehr als 11 Jahren mit Pferden spreche, traute ich mir hierbei selbst nicht über den Weg. Es war mein Wunsch, dass dieses Fohlen so würde. Mouna sollte ihren Traum erfüllt bekommen, endlich ein Baby zu haben. Jedoch war es genauso auch meine Verantwortung, dieses Leben bei uns willkommen zu heißen, denn den allergrößten Teil des Lebens dieses Pferdes würde ich die „Mutter" sein und ihm das Leben so recht machen, wie es irgendwie ging. Also hatte ich für mich auch einige Vorstellungen, die ich mir von ihm erhoffte. Da ging es aber auch schon los: Erwartungen! Ein Schimpfwort für mich. Ich erwarte ungern etwas von Wesen, weil ich weiß, dass Erwartungen an das Gegenüber jede Beziehung deutlich erschweren, egal zwischen welchen Wesensformen. Manche Menschen steigern sich sogar so sehr in die Erwartungen an das Gegenüber, dass sie gar nicht mehr merken, wie sehr sie ihr Gegenüber damit benutzen und demjenigen gleichzeitig den Raum nehmen, er selbst zu sein. Ein Gegenüber sollte niemals dazu da sein, um einem selbst zu bestätigen, liebenswürdig zu sein. Egal, ob Pferd oder Mensch. So war ich also hin- und hergerissen zwischen der Idee, wie das Fohlen sein sollte, und dem Loslassen der Erwartungen an das Leben, das sich bei uns einfinden durfte. Mir war klar, dass Wünsche wahr werden, wenn man sie gut formuliert und möglichst frei ans Universum sendet. Aber mir war auch klar, dass man immer diejenigen Partner bekommt, die man gerade braucht. Und das sind eben nicht immer nur die herbeigesehnten Engel. Und obwohl ich in meinem Leben schon so oft erlebt habe, wie verblüffend genau sich meine formulierten Wünsche ins Materielle manifestiert hatten, blieb ich skeptisch: Dies sollte ein Lebewesen werden, es würde seinen eigenen Auftrag mitbringen und seine ganz eigene Form. Mounas Idee zu ihrem Fohlen war immer recht einfach: Es würde klein sein und beige, ausgesprochen liebenswert und süß. Es würde sie zur Mutter machen und sie würde es durch und durch lieben.

Zu ihrer ersten Rosse gab ich also Bescheid, die Tierärztin kam zum Schauen und errechnete dann den bestmöglichen Moment für eine Besamung zur nächsten Rosse. Mouna war nicht ganz einverstanden: In ihren Augen wäre es schon ein paar Tage früher so weit. Ich tat das als Ungeduld ab und berichtete der Tierärztin von meinen Beobachtungen bezüglich der Rosse, die dann am errechneten Tag erschien. Der Samen vom Hengst war bestellt und kam rechtzeitig. Mouna gab alles, um während der Untersuchung ruhig zu stehen. Die Aussage der Tierärztin nach der Untersuchung, dass dies anscheinend nicht ganz der richtige Tag wäre, quittierte Mouna mit einem: „Hab ich ja gleich gesagt!" Dennoch versuchten wir es. Die Befruchtung schlug fehl, wir verabredeten uns für die neue Rosse. Die Tierärztin errechnete wieder den passenden Termin. Mouna war wieder der Meinung, es wäre früher so weit. Also versuchte ich, die Tierärztin dieses Mal etwas früher zu uns zu bekommen, aber sie erschien nur einen Tag vor dem von ihr genannten Termin. Dasselbe Spiel: anscheinend kein perfekter Tag, Mouna fast schon augenrollend. Ich fragte meine Tierärztin, ob sie schon mal davon gehört hatte, dass Stuten einen verkürzten Zyklus hätten, so wie es auch bei Frauen manchmal der Fall ist. „Nein, so etwas gibt es bei Pferden nicht", war die Antwort. Auch die zweite Besamung schlug fehl. Der Hengst war nur für einen bestimmten Zeitrahmen verfügbar und der Samen wurde nicht tiefgekühlt, sondern frisch versendet, weshalb wir nur noch eine Rosse übrig hatten. Der dritte Versuch musste ein Treffer werden. Ich bestand also darauf, dass die Tierärztin an dem Tag kommen sollte, an dem Mouna äußerte, dass es perfekt wäre. Was soll ich sagen: Natürlich hatte meine Stute recht. „Oooh, heute ist es wirklich perfekt!", sagte die Tierärztin und Mouna stand still wie nie zuvor. Danach war sie endlich trächtig.

Sie war so selig! Schwanger zu sein, war für Mouna ihr absolutes Highlight im bisherigen Leben. Sie fühlte sich so voller Liebe, so rund, so glücklich damit an. Sie war zuerst völlig hin und weg davon, ihr Fohlen in sich zu tragen, und wollte, dass es jeder weiß! Sie bestand darauf, es zu erzählen, und war einfach nur froh. Dieser Zustand änderte sich aber zirca ab dem dritten Monat. Danach war es, als würde sie sich nach innen kehren. Ihre Haltung war introvertierter. Sie ging in Kontemplation damit, dass in ihr etwas wuchs, und sie wollte vor allem eins: Ruhe, Frieden, viel Futter, viel Liebe und nochmals Ruhe dafür. Natürlich bekam sie das alles. Milan übernahm ab dem Moment den Job, das erste gesprochene Tier meiner Schüler zu sein, er übernahm den Job gern und würdevoll. Im Gegensatz zu Mouna war er kürzlich eher ins Extrovertierte in Bezug auf Menschen gegangen und war vorher introvertiert. Den neuen Job als „Lehrer" meiner Schüler nahm er sehr ernst und zog daraus auch einige Bestätigung. Noch etwas änderte sich in dieser Zeit: Früher war Milan immer der Erste am Futter und Mouna hatte zumindest kurz zu warten, wenn er fressen wollte. Jetzt war es umgekehrt. Milan fügte sich dem auch sofort widerstandslos. Denn es ergab ja Sinn: Das Fohlen der beiden kam an erster Stelle, also musste Mouna viel fressen, damit es gut in ihr heranwuchs. Milans Vaterrolle war schon vor der Geburt deutlich. Je runder Mouna wurde, umso beschützender wurde auch Milan. Mounas Bauch war nicht sehr deutlich, sie versteckte ihre Trächtigkeit recht gut. Es war, mit 14 Jahren, ja auch das erste Mal, dass sie trug. Irgendwann im Laufe der Trächtigkeit fing ich an, mich in das Thema Fohlengeburt einzulesen. Auf keinen Fall wollte ich etwas falsch machen, wenn es so weit war, und natürlich musste Mouna auch entsprechend gut versorgt werden, damit sie alle Nährstoffe hatte, die sie brauchte. In meiner ganzen Recherche stieß ich dann auch auf eine Information, die ich glücklicherweise nicht vorher gelesen hatte: Die Größe des Fohlens richtet sich eher nach der Größe der Stute, nicht nach der Größe des Hengstes … Upps! Mouna ist maximal 150 Zentimeter, wenn sie sich lang macht und man es nicht so genau nimmt. Ich bin allerdings 181 Zentimeter groß. Sie ist zum Glück gut gebaut und hat sich nie beschwert oder belastet gezeigt von meinem Körpergewicht, sie konnte mich gut tragen. Dass sie das Reitergewicht nicht gern trug, lag nicht daran, dass ich zu schwer war. Jedoch sah es schon etwas merkwürdig aus, wenn meine langen Beine so herunterbaumelten, und sicherlich ist es doch irgendwie glücklicher, wenn man sich als großer Mensch auch von einem großen Pferd tragen lässt, zumindest wenn man nicht gerade untergewichtig ist.

Nun ja. Es würde also ein kleines, dunkel geschecktes Pferdchen werden. Das war zumindest das Wahrscheinliche. Ich freute mich wahnsinnig auf das Fohlen, und je mehr ich las, umso aufgeregter wurde ich. Natürlich wollte ich als zukünftige Pferdefohlenmutti unbedingt auch alles richtig machen. Ich hatte in meiner Zeit als Tierpflegerin und auch als Pferdezuchtleiterin schon mit trächtigen Stuten und auch Fohlen gearbeitet, hatte als Jugendliche Jungpferde eingeritten und so weiter. Mir war das alles überhaupt nicht fremd, ich kannte mich aus. Dennoch war es für mich ein himmelweiter Unterschied, die Geburt eines Fohlens im Arbeitskontext oder aber bei meiner eigenen Herzensstute zu erleben. Ich bewertete alles aus einer ganz anderen, emotional sehr eingefärbten Sicht und außerdem war es ganz allein an mir, die genau richtigen Bedingungen für alle Beteiligten zu schaffen. Wie aufregend und wunderbar, aber auch wie verantwortungsaufbürdend. Auch habe ich keine eigenen Kinder und keinen Kinderwunsch, jedoch einen großen Wunsch nach meinem eigenen, bei mir wachsenden Fohlen. Und so steigerte ich mich fast ein wenig zu sehr in die Sache hinein. Es sollte perfekt sein.

In meinen Augen gehörte zu einem Fohlen an oberster Stelle vor allem: ein anderes Fohlen. Oder noch besser, mehrere. Aus meinem Pferdewissen heraus beurteilt, war dies eine der wichtigsten Regeln: Fohlen dürfen unter keinen Umständen ohne andere Fohlen aufwachsen, da sie sonst sozial verkümmert groß würden und kein gutes Sozialverhalten lernten, also für immer grobmotorische Herdentyrannen wären. Deshalb stand für mich unverrückbar fest: Für die Geburt unseres Fohlens brauchten wir noch eine andere Stute, die ihr Fohlen auch zu der Zeit bekommen würde. Am besten wäre es, dachte ich, wenn diese Stute schon zirca vier Monate vor der Geburt zu uns käme, damit sich die drei Pferde gut kennenlernen könnten. So könnten die beiden Stuten dann quasi gemeinsam ihren Nachwuchs bekommen und großziehen. Milan fände das bestimmt auch toll, um eine Stute reicher zu werden. Ich wollte das Einstellen bis zu der Zeit beschränken, wo die beiden Fohlen Jährlinge würden.

Denn dass das Absetzen mit sechs Monaten viel zu früh war für Mutterstute und Fohlen, das war mir bereits durch die zahlreichen Pferdegespräche und Absetzerfahrungen aus meiner vorherigen Arbeit mehr als klar.

Gesagt, getan. Ich inserierte fleißig und hoffte auf nette Menschen mit noch netterer Stute, die dankbar wäre für ein familiäres Umfeld für ihre Geburt. Es meldete sich: niemand. Dann mal irgendwer, halbherzig. Dann mal jemand, der einen erwachsenen Hengst bei uns parken wollte. Dann mal eine wirklich bescheuerte Frau. Dann mal eine, die gern ihre Stute zu uns gebracht hätte, aber die weder kommen noch wirklich bezahlen wollte. Die Meldungen blieben nach wie vor spärlich und ich wunderte mich, warum das Universum nicht wie üblich für mich lieferte, was passte. Ich dachte sehr angestrengt darüber nach. Dachte, vielleicht sollten wir bis nach der Geburt warten. Dachte, ich hätte es vielleicht in meiner Anzeige falsch formuliert. Ich grübelte darauf herum. Dann kam mir endlich ein rettender Gedanke: Praktischerweise nenne ich mich ja Pferdeflüsterin! Wie wäre es denn, einfach mal meine eigenen Pferde zu fragen, was sie meinten, woran es lag, dass sich einfach niemand für uns fand!? Wahnsinnsidee …

Ich: „Fohlen im Bauch von Mouna, wie würdest du das denn finden, wenn du einen Kumpel zum Aufwachsen hättest? Ein anderes Fohlen, welches die Welt ganz neu kennenlernt, so wie du."

Fohlen: „Och joa. Ist mir eigentlich egal! Ich bin total glücklich mit allem, was ist. Ich freue mich wahnsinnig auf die Welt und weiß jetzt schon, dass ich behütet sein werde. Meine Eltern reichen mir voll und ganz."

Ich: „Hmhm. Ist ja interessant. Nun gut. Milan. Was sagst du denn dazu? Wäre es nicht schön für dich, wenn du zwei Stuten in deiner Herde hättest und du für die beiden da wärst, während sie sich gegenseitig unterstützen, die beiden Fohlen großzuziehen?"

Milan: „Puh, also eigentlich wäre das recht anstrengend. Und man weiß ja nicht, wer dann kommt. Was, wenn die neue Stute stressig ist? Damit hätte ich dann ja alle Hufe voll zu tun. Ehrlich gesagt finde ich das bedenklich. Wir kennen uns so gut, und es ist mir wichtiger, dass wir hier behütet sind, als dass noch ein Störfaktor von außen dazukommt. Aber wenn es für Mouna oder das Fohlen wichtig ist, würde ich das machen und natürlich auch meistern."

Ich: „Okay, spannend. Dann fragen wir mal die Wichtigste: Mouna. Was sagst du? Möchtest du, dass dein Fohlen gemeinsam mit einem anderen aufwächst und du eine Stutenfreundin dazubekommst für ein Jahr?"

Mouna: „Auf gar keinen Fall! Nein!"

Ich war baff. Erstens, weil ich so verkrampft in meinen Vorstellungen war, wie es für meine Pferde richtig sein müsste, dass ich tatsächlich das vergaß, was ich seit Jahr und Tag allen predige: „Involviert eure Tiere. Erzählt ihnen alles und, wenn es geht, fragt sie unbedingt nach ihrer Meinung. Egal wozu." Ich hatte einfach über ihren Kopf hinweg entscheiden wollen, was richtig sein müsse. Zweitens aber war ich besonders baff, dass mein eigentliches „Pferdewissen" hier nicht zu stimmen schien. Lustig, denn eigentlich predige ich meinen Schülern auch seit Ewigkeiten, dass es kein allgemeines Wissen über Pferde gibt und dass sie am besten alles aus ihrem Wissensspeicher radieren sollten, was sie zu wissen meinen. Und dass sie am besten all das alte Wissen durch das ersetzen sollten, was die Pferde ihnen selbst erzählen. Wissen aus erster Hand! Besser geht's doch nicht. Aber auch ich bin manchmal allzu menschlich und mache solche Fehler.

Als ich dann kapiert hatte, dass meine Pferde es nun mal so wollen, wie sie es wollen, zweifelte ich dennoch an ihrer Urteilsfähigkeit. Ich dachte: „Na gut, die beiden hatten noch nie ein Fohlen und wissen nicht, was es heißt, so einen kleinen Wirbelwind großzuziehen. Wenn das Fohlen erst mal da ist, wird es ihnen schon zeigen, was es braucht. Ich gebe ihnen sechs Wochen, bevor sie vermutlich darum bitten, dass noch eine Stute mit Fohlen in die Herde kommt, damit die Kleinen miteinander beschäftigt sind und man sich die Aufzucht teilen kann."

Mounas Trächtigkeit verlief völlig problemlos und unauffällig. Ich starrte sie morgens bis abends an, starrte auf ihren Bauch und dachte manchmal, dass dort vielleicht gar kein Fohlen drin sei. Die Tierärztin hatte es gespürt und war sich sicher, aber irgendwie überkam mich immer wieder die Angst, Mouna sei nur scheinträchtig und es würde am Ende kein Fohlen aus ihr herauskommen. Mein tägliches Gestarre half auch nicht, einen gesunden Blick dafür zu behalten. Manchmal war ich sicher, dass in ihrem Bauch kein Fohlen sein könnte, weil sie einfach so wenig danach aussah. Sie versteckte ihr Fohlen gut. Erst ganz am Ende war es sichtbar. Sie hätte aber auch einfach eine zu gut genährte Weidestute sein können. Sie selbst war sich die ganze Zeit sicher. Immer, wenn ich sie fragte, war sie mit solch einer ruhigen, zutiefst vertrauenden Art und Weise dabei, mir zu erklären, dass ihr Fohlen in ihr wäre, dass es keinen Zweifel gab. Während ihrer Trächtigkeit kehrte Mouna immer mehr in sich, ruhte viel. An manchen Tagen lief sie wie eine hochschwangere Frau. Mit diesem typischen Watschelgang. An anderen Tagen machte sie Luftsprünge. Sie fraß sehr viel. Wenn ich sie fragte, wann das Fohlen wohl kommen würde, Stichtag war der 1. Juni, schätzte sie, dass es wohl zwei Wochen später werden würde. Bei der Kursplanung hatte ich leider vergessen, darauf zu achten, den Zeitraum um die Geburt komplett frei zu halten, so hatten wir Ende Mai noch einen Kurs auf dem Hof, auch drei Kursteilnehmerpferde waren dabei.

Wenn ich die Kurse der Pferdeflüsterer-Ausbildung bei uns unterrichte, können in zwei der Module auch Pferde der Teilnehmer mitgebracht werden. Pro Modul nehme ich nur acht Teilnehmer, davon gibt es wiederum nur drei Pferdeplätze. Es können also immer nur drei Kurspferde dabei sein. Mehr ist organisatorisch nicht möglich, aber auch nicht nötig. Meine Pferde sind dann im hinteren Bereich des Paddocks und der Weide durch einen doppelten Zaun abgetrennt, sodass sie sich auch nicht über den Zaun beschnuppern können. Milan ist ein sehr territorialer Wallach, er verteidigt seine Stute gegenüber fremden Pferden sehr deutlich. Die beiden haben im Laufe der Jahre in verschiedenen Herden gelebt, auch in Herden mit Fohlen. Es waren stets gemischte Herden. Aber immer blieben sie ein Ehepaar. Immer war klar, dass sie zusammengehören. Sie hatten zwar beide ihre anderen Pferdefreunde in der Herde, doch blieb ihr Zweierbund immer deutlich sichtbar. Milan passte auch immer sehr gut darauf auf, dass Mouna seine Stute blieb. Er erlaubte ihr zwar kleine Flirts mit anderen Wallachen, aber am Ende hielt das Band zwischen ihnen immer fest. Milan hatte auch kleine Freundschaften zu anderen Wallachen, jedoch gab er das recht schnell wieder auf, weil ihm die hohe Fluktuation der Einstellerherden immer zu schaffen machte. Er fand immer, dass er seinen Job als guter Herdenzusammenhalter nur wirklich ausüben könnte, wenn es eine gewisse Konstanz in der Gruppe gab. Aber in Pensionsställen gibt es diese einfach nicht.

Jedenfalls hatte ich meine Pferde vor dem ersten hier stattfindenden Kurs mit Kurspferden darauf vorbereitet, dass hier andere Pferde sein würden. Damals war das noch recht schwer für Milan und er wollte viel kontrollieren, übte trotz des doppelten Zauns ein paar Scheinattacken aus und Mouna warf ein paar Herzchen in Richtung der fremden Pferdemänner. Schon beim zweiten Mal aber hielten sie sich an meine Empfehlung, einfach so weit wie möglich nach hinten auf die Weide abzuhauen, um mit den Kurspferden nichts zu tun haben zu müssen. So war es auch, als Mouna trächtig war. Je trächtiger sie wurde, umso weniger wollte sie von den fremden Pferden etwas wissen. Sie hielten sich weit weg auf, und sogar das Annähern, um Wasser zu trinken, war ihnen unheimlich. Milan beschützte Mouna sehr gut. Je trächtiger sie wurde, umso besorgter wurde er. In dem letzten Kurs vor der Geburt dann war Mouna schon so hochträchtig, dass sie sich kaum bewegen wollte. Ich war natürlich schon recht aufgeregt, obwohl der Stichtag noch eine Woche hin war und Mouna ja eh eine Verspätung angekündigt hatte. Aber dann, am letzten Kurstag, wurde es ernst. Ich hatte eine Art Tagebuch geschrieben, welches an diesem Tag begann:

26.05.2019

Mouna sagte mir morgens, dass sie nun bitte alle Besucher weghaben möchte. Wir haben gerade einen Pferdeflüsterer-Aufbaukurs bei uns auf dem Hof und acht Frauen mit drei Pferden wuseln den ganzen Tag hier herum. Das möchte sie nun nicht mehr, sie möchte sich bitte auf die Geburt vorbereiten. Das kommt ein wenig überraschend. Sie hat zwar am 01. Juni Stichtag, aber bisher nahmen wir beide an, dass sie sich eher zwei bis drei Wochen länger Zeit lassen würde. Nun aber merkt sie: Die Pläne ändern sich. Zum Glück ist heute der letzte Tag des Kurses.

28.05.2019

Mounas Hinterhand sieht irgendwie verändert aus. Ich starre täglich auf meine Stute und verliere langsam den klaren Blick. Manchmal sieht sie hochschwanger aus, manchmal ganz normal. Manchmal ist es eindeutig, manchmal zweifle ich, ob da überhaupt etwas herauskommen wird. Aber von außen wird mir oft bestätigt, dass man es sieht. Nun wird es deutlich. Die Muskulatur ihrer schönen, runden Kruppe wirkt irgendwie lascher. Aber dennoch nicht so, wie ich es von den Bildern der Stuten kurz vor der Geburt kenne. Sind das nun die eingefallenen Beckenbänder oder nicht? Ihr Euter jedenfalls ist sehr geschwollen und die Harztropfen zeigen sich. Die Zitzen stehen noch nicht ganz, aber Mouna sagt, sie vermutet, dass es innerhalb der nächsten 24 Stunden losgeht, wahrscheinlich aber erst am nächsten Tag, so zwischen Stunde 20 und 24. Also verbringe ich die Nacht damit, alle halbe Stunde nach ihr zu sehen. Unser Bett haben wir am großen, bodentiefen Fenster in der Wohnung gegenüber dem Stall aufgebaut. Von dort brauche ich nur im Liegen rauszusehen. Mouna steht aufgestallt im Unterstand mit dem kleinen Sandpaddock, bekommt extra dick und viel Einstreu und Heu satt. Sie genießt es sichtlich und fühlt sich gut behütet. Sie ist irgendwie selig, glücklich und ganz ruhig. Sie meint, es wird alles gut werden. Milan beauftrage ich, nachts auf sie aufzupassen, er kann sich auf dem gesamten Paddocktrail frei bewegen, bekommt aber ein Heunetz direkt an den Unterstand, damit er in ihrer Nähe fressen kann.

Natürlich nimmt er seinen Job, wie immer, sehr ernst. Er patrouliert vor Mounas Paddock und schaut sehr genau in die Ferne, ob auch alles roger ist. Alles in Ruhe, aber vorbildlich. Mouna hält sich meistens im Unterstand auf und genießt es sehr, ihren eigenen Bereich zu haben. Sie schaut ab und zu raus, wenn Milan weggeht, aber frisst dann weiter, wenn sie merkt, dass er alles im Griff hat.

29.05.2019

Gegen halb drei nachts dann höre ich Milan wiederholt schnauben wie einen riesigen Drachen. Ich kenne das, er macht das manchmal, wenn er besonders aufgeregt oder stolz ist. Aber nie mehr als zwei, drei Mal hintereinander. Jetzt macht er es immer wieder und trabt auf und ab. Dann steht er, starrt in eine Richtung über das Feld, schnaubt wieder und wieder. So geht es bestimmt 10 Minuten. Mouna wird unruhig und geht in ihrem Paddock etwas hin und her, aber sie lässt sich von mir beruhigen und regt sich gar nicht erst richtig auf. Milan holt sich zwar eine Möhre ab, muss dann aber wieder auf seinen Beobachtungsposten und in die Nacht schnauben, dass er hier der König ist und seine Familie todernst verteidigen wird. Er schnaubt insgesamt an die 50 Mal. Ohne hysterisch zu werden, er steht einfach da in seiner ganzen Kraft. Anscheinend hat er seinen Job etwas zu ernst genommen, ich bin gerührt. So habe ich ihn noch nie und seitdem nie wieder erlebt.

Ich schaue die ganze Nacht alle halbe Stunde auf Mouna, aber es passiert nichts. Morgens um 6 Uhr lasse ich sie wieder raus und hole etwas Schlaf nach, gehe trotzdem alle 45 Minuten nach ihr sehen. Um 10 Uhr stelle ich fest, dass ihr bereits Milch aus dem Euter tropft und ihr Euter noch mehr geschwollen ist. Ansonsten hat sich aber nichts an ihrem Körper verändert. Ich stecke den Pferden etwas hohes Gras ab und lasse sie das Grün genießen.

Ich schaue immer wieder nach ihr, sie ist seelenruhig und zufrieden. Nachmittags gegen 17 Uhr läuft sie ganz ruhig vom Gras in den Unterstand und lässt sich darin nieder. Das Wetter ist wunderschön, die Sonne scheint und sie gibt mir Bescheid, während ich drinnen auf dem Sofa sitze. Ich gehe raus, höre sie sofort stöhnen und laufe zu ihr. Die Geburt hat gerade begonnen, ich sehe schon zwei kleine Hufe. Ich bin fasziniert, berührt und begeistert, dass Mouna, Wildpferd aus Überzeugung, tatsächlich gewählt hat, in den sicheren, für sie vorbereiteten Unterstand zu kommen und ihr Fohlen mitten am Tag zu gebären, während ich danebensitzen darf. Milan frisst so lange weiter Gras und steht bestimmt 150 Meter von uns weg. Sie presst und bald sehe ich den Kopf. Es ist unglaublich schön, was da aus ihr herauskommt, und ich erkenne, dass dieses Fohlen optisch den Wünschen entspricht, die ich ausgesandt hatte: Es ist ein Falbschecke mit Mounas Grundfarbe und der Scheckverteilung ganz ähnlich der von Milan. Genau wie er hat das Fohlen einen kleinen, weißen Stern auf der Stirn. Ich zerreiße behutsam die Eihaut, noch während die Geburt stattfindet, setze mich dann wieder in zwei Meter Abstand in den Unterstand und schaue zu, wie Makani in die Welt flutscht. Mein Freund John ist mittlerweile auch zu uns gekommen und wir begrüßen unser Fohlen zu dritt. Irgendwann kommt auch Milan dazu und ist überwältigt. Als das winzige, neue Pferd seine ersten, wackeligen Schritte macht, kann Milan kaum an sich halten und tänzelt dunkel wiehernd immer wieder auf und ab, das Fohlen anstarrend, voller Vaterglück. Mouna und ihr Baby sind nun im kleinen Paddock am Unterstand abgesperrt. Makani, der kleine Hengst, ist unfassbar süß, klein und mutig. Er stakst herum, sucht die Milch. Mouna dreht sich immer wieder zu ihm und weiß erst nicht recht, wo er hinwill. Sie hat auch etwas Angst, dass es ihr weh-tun könnte, wenn Makani bei ihr trinkt, ihr Euter ist so voll. Wir helfen ihr und sie lässt sich ganz brav von John halten, sodass ich Makani an ihr Euter lenken kann. Er trinkt zwei-, dreimal mit unserer Hilfe, dann klappt es auch ohne uns. Wir sind alle völlig überwältigt und froh. Er ist so unglaublich klein und aktiv, dass schnell klar wird: Die Stromlitzen halten ihn von nichts ab, er würde direkt hindurch-fallen. Also bauen wir Mouna eine Box im Unterstand mit Gattern. Sie ist dankbar, legt sich direkt ab und Makani stolziert um sie herum, ehe auch er entspannt in die Einstreu sinkt und sich die Nase streicheln lässt. Meine Liebe könnte nicht größer sein. Auch diese Nacht wird schlaflos, weil ich alle Stunde schauen muss, wie es den beiden geht. Aber alles bleibt gut, Mouna kümmert sich hervorragend und ist einfach glücklich. Der Kleine ist neugierig, aber entspannt.

Schon am nächsten Tag lasse ich Mouna mit ihrem Sohn auf die Wiese, denn so wünscht sie es sich. Die beiden genießen den Platz und weichen einander nicht von der Seite. Makani trinkt nun stetig bei Mouna, die willig stillhält. Milan kann nur von außen um die Weide herumlaufen, er darf noch nicht zu ihnen. Und so zieht er seine Kreise und hält es kaum aus, dass er nicht dabei sein kann. Doch Mouna hält ihn auf Abstand und möchte ihn noch nicht am Fohlen dran haben.

Leider ist der erste ganze Lebenstag des kleinen Makani ausge-rechnet Vatertag. Seine Mutter Mouna ist keinesfalls ein schreckhaftes oder ängstliches Pferd. Aber sie ist sehr sensibel und mit ihren 14 Jahren nicht gerade die jüngste Mutter mit ihrem ersten Fohlen. Sie hat es sich so sehr gewünscht, Mutter sein zu dürfen, dass sie es nun fast ein wenig zu ernst nimmt. Als die ersten, brüllenden Heranwachsenden mit ihrer lauten Musik und ihren Bollerwagen das Dorf erreichen, zittert sie vor Angst. Mouna steht in der am weitesten von der Straße entfernten Ecke der Wiese, Makani schläft vor ihr im Gras. Dort rührt sie sich den ganzen Tag lang nicht weg, obwohl es windig und nieselig ist. Sie kann den ganzen Tag nichts fressen, weil sie schreckliche Angst hat, dass diese berauschten Menschen zu ihr herüberkommen und ihr Fohlen umbringen. Sie hat schreckliche Verlustangst und ist einfach überwältigt und überfordert von ihrer riesigen Mutterliebe und der plötzlichen Verantwortung für ihr ganzes Glück – so wie ich es auch wäre, wenn ich jemals ein Kind bekommen hätte. Und ein bisschen so, wie ich nun auch für Makani fühle. Denn auch ich male mir unrealistische Unfälle aus, die ihm passieren könnten. Ich beruhige Mouna, so gut es geht, indem ich ihr mehrmals erkläre, warum diese Jugendlichen so agieren, dass sie keine Gefahr sind und dass ich aufpassen werde. Ich stehe eine halbe Stunde bei Mouna, decke ihr kleines Fohlen mit meiner Jacke zu und streichele sie beruhigend. Sie zittert und braucht Stunden, um mit der Situation klarzukommen, sich um ihr Kind zu sorgen. Sie weiß zwar, dass sie den mutigsten, furiosesten Pferdemann Wache stehen hat und dass wir Menschen wie Schießhunde schauen, dass niemand unseren Hof betritt. Aber ihre Angst ist irrational. Sie kann nicht anders, als sie zu durchleben. Also machen wir es gemeinsam. Auch ich stehe nachts in der ersten Woche noch regelmäßig auf, leuchte zu den beiden hinüber und erwarte jedes Mal halbwegs, dass zwischenzeitlich etwas Schlimmes passiert ist. Nach einer Woche Übermutter-Duozeit habe ich die Nase voll und ermahne mich, loszulassen. Ich verlasse absichtlich den Hof und suche mir andere Beschäftigungen. Auch Mouna wird langsam entspannter und kommt selbstverständlicher in ihrer Mutterschaft an. Milan wird noch auf Abstand gehalten, aber nach zwei Wochen darf er wieder herankommen und ich lasse die Familie zusammen sein. Milan haben diese zwei Wochen sehr mitgenommen. Es fiel ihm unglaublich schwer, die Ablehnung seiner Stute und das Fohlenberührungsverbot nicht zu persönlich zu nehmen. Er ist es, der in dieser ersten Zeit am meisten Zuspruch von mir braucht. Regelmäßig versichere ich ihm, wie toll er seinen Job als Aufpasser macht, dass er nur Geduld zu haben braucht, und dass er seine Nase bald ins Fell seines Sohnes stecken wird. Milan liebt Fohlen, er war immer schon sehr zärtlich zu ihnen, und es bricht ihm fast das Herz, dass er erst mal auf Abstand gehalten wird. Doch er versteht es und duldet Mounas Vehemenz. Bevor Mouna trächtig wurde, hatte Milan das Sagen, wenn es um Ressourcen ging. Er war der Erste auf dem Gras, am Kraftfutter und am Heu. Er hat Mouna immer dort geduldet, aber erst unmittelbar nach seinem Vorrecht. Nun ist es anders herum. Mouna hat die Kontrolle über die Ressourcen und überraschenderweise kuscht Milan. Er sieht es ein: Die Fohlenversorgung geht vor. Es soll so noch monatelang weitergehen: Wenn Mouna fressen will, hat er zu kuschen. Makani darf jederzeit an Mounas Futter und wird nie gemaßregelt. Tatsächlich ist Makani auch ein Traumfohlen. Er ist süß, lieblich, frech, neugierig, mutig, sensibel. Er ist genau das kleine, zuckersüße, wolkenweiße Babypferd, das sie mir immer gezeigt hatte. Er ist zwar ein heller Falbschecke, sieht mit seinem Babyfell aber fast weiß aus. Er ist sehr klein und zierlich. Nach seinem ersten Fellwechsel wird später aus dem beigen Grundton ein echtes Konikwildpferdgrau. Er hat im ersten Jahr seines Lebens niemals auch nur annähernd uns Menschen bedroht oder ausgetestet. Kein Treten, kein Wegmackern, nichts davon. Dafür eine Menge Spielfreude, Kontaktfreude und unfassbare Lebenslust. Aus Makanis Augen sprüht geradezu das Leben, er ist ein wahnsinnig tolles Wesen, welches alle beglückt.

Milan kommt mit jeder Lebenswoche Makanis immer mehr in seiner Vaterrolle an. Milan wird nicht nur Makanis Vater, sondern auch noch sein bester Freund, sein Idol und sein Lehrer. Natürlich zweifle ich oft, dauernd sogar, ob es richtig war, meine kleine Herde ohne eine weitere Stute mit Fohlen zu belassen. Aber sie hatten es so gewollt, und während Makani aufwächst, bleiben sie einstimmig bei ihrer Meinung. Ich erwarte jede Woche, dass es sich nun bald ändert. Dass die Eltern bald genervt sein müssten vom lebensfrohen Frechfohlen. Dass Makani es bald öde finden müsste, mit seinen alten Eltern spielen zu müssen. Aber nein, nichts davon. Die drei bleiben eine äußerst glückliche Einheit, sie sind eine selten homogene Herde mit gut verteilten Aufgaben. Mouna ist eine sehr gute Mutter, die genau auf ihr Fohlen achtet, es schützt und bei sich behält, wenn es angesagt ist. Die aber andererseits ihm genug Freiheiten gibt und ihn immer weiter weg gehen lässt oder einfach schlafend im hohen Gras zurücklässt, wenn sie etwas trinken gehen möchte, bis er verwirrt wiehernd hinterhergerannt kommt, wenn er aufwacht. Sie versorgt ihn, versorgt sich und erfüllt damit alles, was sie sich zugesteht. Sie genießt das Leben und kommt in einem tiefen Frieden an, weil sie es endlich geschafft hat, wovon sie so lange träumte. Milan passt auf, hütet und bewacht. Er spricht Makani an, nimmt ihn mit, macht ihm Dinge vor. Erst lässt er Makani oft einfach sein, wenn der an ihm herumprobiert. Ich frage nach, wieso Milan nicht mit ihm spielt. Er sagt: „Viel zu klein. Ich muss nur einmal heftig mit dem Kopf schlagen, dann ist er platt!" Er sagt, es würde einfach noch dauern, bis er ordentlich mit Makani spielen wird, der müsse noch wachsen. Der Kleine entwickelt sich in den ersten paar Lebensmonaten zum ausgesprochenen Papasohn, und schon mit zirka vier Monaten sieht man ihn viel mehr hinter Papa hängen als bei Mama. Mit acht Monaten sind die beiden eine untrennbare Einheit, und auch, wenn Milan manchmal genervt ist von den ständigen, rüpeligen Spielattacken seines Sohnes, so sehe ich ihn doch täglich auf Makani eingehen. Die beiden rennen, toben, kabbeln sich. Sie spielen ausgiebig, manchmal über lange Zeit hinweg. Nur steigen sehe ich Milan nie. Warum? Weil er Makani immer noch als zu klein dafür befindet. Das sei zu gefährlich, sagt er mir. Dennoch darf Makani Milan ansteigen und in ihn hineinrennen, ohne dass er ernsthafte Abmahnungen erwidert bekommt. Milan ist nun fast 22 Jahre alt und noch nie in seinem Leben hat er sich so viel und so freudig frei bewegt. Er galoppiert täglich, seine Energie ist sehr hoch. Er ist fitter denn je. Früher hat sich Milan nicht erlaubt, überhaupt zu spielen. Das höchste der Gefühle war etwas Kopfgewackel und Geknabber mit befreundeten Wallachen oder wütendes Freirennen ohne Bocken. Nun aber sehe ich meinen alten Pferdemann übermütig über die Wiese bocken und alles geben, um den kleinen Hengst beim Wettrennen doch noch einzuholen. Milan dreht Runden, spielt Laufspiele mit Makani und hat die beste Zeit seines Lebens. Auch für ihn ist der Sohn die absolute Erfüllung seines Daseins. Für mich gibt es nichts Schöneres, als meiner Pferdefamilie dabei zuzusehen, wie sie ihr Glück leben. Ich darf Teil davon sein und mitspielen. Makani rennt auch mit mir, um mich herum, und fordert mich auf, Neues mit ihm zu probieren. Ich kaufe eine Pferdewippe und es ist sein Liebstes, sich da draufzustellen, wenn ich da bin. Makani ist so frei, unbeschwert und glücklich, wie ich es jedem Kind dieser Welt wünschen würde, ganz egal welcher Gattung. Das zu erleben und seine Liebe mir gegenüber zu erfahren, ist für mich ein unglaubliches Geschenk. Ich habe das in meinen Augen Höchste im Zusammenleben mit meinen Pferden erreicht: Ich darf ein Teil ihres absoluten Glücks sein. Und so befruchten wir uns gegenseitig. Makani ist für uns alle ein absoluter Herzöffner. Der Schlüssel für das, was Mouna, Milan und mir im bisherigen Leben abhanden gekommen war: das Glücklichsein im Moment. Das Ausleben des Ichs, das Genießen des Lebens. Ganz unabhängig von dem, was war oder kommen wird. Sondern einfach das pure Selbst in genau diesem Moment, ungezügelt und willkommen.

In etwas mehr als einem Monat wird Makani ein Jahr alt. Milan hat mittlerweile begonnen, richtig vollwertige Hengstspiele mit ihm zu spielen. Sie jagen sich gegenseitig, sie steigen sich an. Sie beißen sich in die Hinterbeine und drehen sich dabei umeinander im Kreis. Milan steigt immer noch nur auf halbe Höhe, weil er Makani gegenüber ebenbürtig spielen will und kein Interesse daran hat, ihm seine körperliche Überlegenheit zu demonstrieren. Er sagt, er würde immer nur so hoch steigen, wie er seinem Sohn auf Augenhöhe begegnen kann, wenn Makani steigt. Er sieht ihn tatsächlich als Sohn, der alles von ihm lernen darf und soll. Wenn sie sich bewegen, sehe ich oft Milans Bewegungsmuster in Makani gespiegelt. Die Art, wie Milan eine Kehrtwendung auf der Hinterhand im Galopp beginnt, indem er seinen Kopf von einer Seite zur anderen schmeißt in einem bestimmten Bogen. Genau so macht Makani es nun auch. Ich bin täglich neu begeistert, wie sehr Milan seinen Sohn liebt und wie er tatsächlich all das ernst meint, was er mir sagt. Dass er ihm gegenüber stets loyal bleibt, nie unfair oder agressiv ist. Dass er ihn nie auf dominante Weise maßregelt, sondern ihn immer nur liebevoll erzieht und weist. Es begeistert mich! Ich bin fasziniert davon. Es haut mich um, was es bedeutet, eine Pferdefamilie so aufwachsen zu lassen, wie sie es sich wünschen, immer in Absprache mit ihnen über den nächsten Schritt. Mouna und Milan wissen beide, dass wir die Bedingungen jederzeit ändern könnten. Ich würde sofort einen Spielkumpel für Makani finden, wenn es gewünscht wäre. Ich würde sofort eine räumliche Trennung veranlassen, wenn es besser für einen von den dreien wäre. Ich würde sofort alles geben, wenn Milan sich zu alt oder zu müde oder zu beansprucht von Makani fühlen würde. Aber es bleibt dabei: Mouna ist die unendlich liebende Mutter, Makani trinkt immer noch an ihrem Euter. Es gab eine Zeit, so zirka zwischen den

Monaten acht und zehn, da sah es aus, als würde Makani nun weniger bei ihr trinken wollen. Aber dann wurde es wieder mehr. Obwohl meine Pferde ganzjährig eine artenreiche Wiese, Hafer in Massen und Saft- und Mineralfutter dazubekommen. Milan ist nach wie vor der absolute Vater, Makani hängt an ihm mittlerweile deutlich mehr als an seiner Mutter. In unsicheren Situationen hält er sich zwar nah bei ihr, aber Milan wird als Vater fast ständig verfolgt. Milan ist es auch, der neben dem auf der Seite tief schlafenden Makani steht und wacht, ohne zu fressen. Die beiden spielen täglich mehrmals und ich höre sie oft um ihren Paddocktrail herumgaloppieren, wenn ich morgens oder abends im Bett liege. Immer wenn mein Adlerauge mal wieder herausfinden muss, ob der arme Milan schon überfordert ist, sehe ich, wie auch mal er es ist, der Makani zum Spielen auffordert, ihm spielerisch in den Hals beißt und ihn jagt. Die beiden sind so eng miteinander verbunden, dass es mir fast das Herz bricht, zu wissen, dass nur die wenigsten Fohlen überhaupt Kontakt zu älteren Pferden haben dürfen, geschweige denn zu Elternfiguren.

KAPITEL 11

WILDPFERDFAMILIE IN MENSCHLICHER HALTUNG

Es gibt ein Buch vom Pferdefilmer Marc Lubetzki. Es steht seit einem halben Jahr schon auf meinem Tisch. Der Titel lautet „Im Kreis der Herde". Erst vor ein paar Tagen habe ich begonnen, es zu lesen. Mir ist es wie Schuppen von den Augen gefallen. Marc beschreibt in dem Buch seine Begegnungen mit Wildpferden in verschiedenen Teilen der Welt. Unter anderem klärt er durch seine Beobachtungen darüber auf, wie sich Hengste verhalten. Er berichtet von Hengstfreundschaften und von liebevoller Begleitung der Pferde untereinander. Von befreundeten Herden und räumt damit auf augenöffnende Weise mit dem alten „Leithengst vertreibt fremde Pferde und hält seine Herde zusammen und dominiert alles, was sie tun"-Gedanken auf. Als ich den Teil las, in dem Marc beschreibt, wie junge Pferde eben nicht von gleichaltrigen Tieren lernen, sondern von älteren Pferden, weine ich fast. Dort steht, dass für ein Fohlen die Anwesenheit seines Vaters viel wichtiger ist als die Anwesenheit anderer Fohlen. Es geht um eine kleine Dreierherde, in der es nur die

Mutterstute, den Hengst und das Hengstfohlen gibt. Ich möchte weinen, weil das beschriebene Band zwischen dem Hengst und seinem Sprössling mich so sehr an meine beiden erinnert. Ich möchte auch weinen, weil ich es ihnen in einem Teil meines menschlichen Besserwissergeistes tatsächlich nicht zugetraut hatte, zu wissen, wie Pferdefamilie geht. Dabei ist alles, was Marc Lubetzki in diesem Abschnitt seines Buches berichtet, genau das, was meine Pferde hier leben. Ich möchte auch weinen, weil ich jetzt noch schmerzlicher erkenne, wie unnatürlich, emotional unstabil und verunsichert die allermeisten unserer Pferde aufwachsen und leben müssen. Es ist, als würden wir Menschen alle im Alter von sechs Jahren in Internate verfrachtet werden, ohne dort jemanden zu kennen. Und als würde man uns dann im Alter von 13 Jahren schon in eine Ausbildung zwängen, um anderen dienen zu lernen. Um dann kurz danach verkauft zu werden, um unsere Arbeit bei jemandem anzutreten, der uns erworben hat, nur weil er meint, dass wir Potenzial hätten, oder weil er uns süß fand und gern als Freund hätte.

Vielleicht klingt der Vergleich, zumindest heutzutage, weit hergeholt, jedoch muss ich ihn einmal ziehen. Die Pferdehaltung an sich ist schon merkwürdig genug. Die Idee, man müsse ein Pferd kaufen, um es dann zu reiten. Um es tun zu lassen, wonach einem selbst gerade mal so der Sinn steht, ohne es überhaupt zu fragen oder zu beobachten, wie es das findet. Die Idee an sich ist schon recht absurd. Wenn man dann etwas Gefühl hinzugibt und meint, sein Pferd aber sehr zu lieben und alles für es zu tun, wird es nicht unbedingt besser, wenn man es von außen betrachtet. Auch wenn man es nicht reitet. Denn immer noch bestimmt man zu 100 Prozent alle Lebensumstände dieses Wesens: Was es frisst, wann es frisst, wie viel es frisst. Mit wem es lebt, wem es sich körperlich annähern darf, mit wem es auf eingezäuntem Bereich den ganzen Tag verharren muss. Wo es sich aufhält, ob es eine Decke oder Schutz bekommt oder nicht. Was es an die Füße bekommt, wie viel und wie es sich bewegen darf und so weiter. Über jeden dieser nur spontan aufgezählten Aspekte könnte ich schon eine eigene Abhandlung schreiben aufgrund dessen, was Pferde mir erzählt haben. Doch hier geht es gerade um das ganze Bild: Es darf einem immer und immer wieder klar werden, egal wie gut wir es mit unseren Pferden meinen, dass unser Entschluss, ein Pferd zu „halten", ein egoistischer, machtausübender Akt war. Auch, wenn wir vermeintliche Tierschützer sind. Die Idee, ein Pferd zu haben, hat immer auch einen Anteil in unserem Ego, wie selbstlos wir auch handeln mögen. Wenn wir wirklich nur aus reiner Pferdeliebe handeln würden, dann wäre eine Spende für den Erhalt des Lebensraums von Wildpferden oder an einen guten Pferdegnadenhof sehr viel angebrachter, als ein eigenes Pferd zu retten und zu halten. Denn wir haben immer eine gewisse Erwartungshaltung gegenüber diesem Pferd, dass es unser eigenes Leben auf irgendeine Weise bereichern soll, wenn wir es gekauft haben.

Ich sage nicht, dass dies generell zu vermeiden wäre, denn ich weiß aus Erfahrung, dass Pferde sehr glückliche Freundschaften zu ihren Menschen haben können und sich nicht alle wie gekaufte Sklaven fühlen. Und sicherlich hat es auch irgendwie einen Sinn, wenn Pferd und Mensch auf diese Weise zusammenkommen. Dennoch ist es wichtig, sich die Ausgangssituation immer wieder klarzumachen: Ich bestimme über dieses Wesen. Und daraus die Schlussfolgerung zu ziehen, dass dieses Wesen überhaupt keine Verpflichtung hat, irgendetwas für mich zu tun. Denn es hat in diesen Lebensvertrag nie wirklich eingewilligt. Es ist mein Job, ihm sein Leben so lebenswürdig wie möglich zu gestalten. Es ist mein Job, zuzuhören und es mitbestimmen zu lassen, damit es glücklich ist. Es ist mein Job, ihm ein bester Freund zu sein, damit es sich wertvoll fühlen kann.

Makani war also ein absolutes Wunschpferd. Mouna hat ihn sich herbeigesehnt, ich habe ihn mir als Pferdewesen zurechtgewünscht.

Seine Seele hat sich an diesem Platz eingefunden, um sein Leben als Pferd in unseren Leben zu leben. Ich bin sehr, sehr dankbar dafür und manchmal überkommt mich eine fast übermächtig große Verantwortung für sein Leben, die mich kurz schnappatmen lässt. Was, wenn ich dem nicht gerecht werde? Und was, wenn meine ganze, romantische Pferdeliebe und dieses Familienidyll bei uns zu Hause irgendwann nicht mehr reicht? Was, wenn dieser Hengst sehr, sehr groß wird und nicht versteht, wenn wir mal woanders hin müssen oder dass er behandelt werden muss? Was, wenn er bald zeugungsfähig wird und Mouna es nicht schafft, ihn sich vom Leib zu halten? Was, wenn er mal auf die Idee kommt, dass lächerliche Stromlitze einfach zu durchrennen sind? Die Liste meiner Ängste könnte ich endlos fortführen. Es ist meine neue Lebensaufgabe, es zu schaffen, einen so lebensfrohen, wachen, stolzen Pferdemann in Menschenobhut aufwachsen zu lassen, ohne ihn dabei aus Angst zu reglementieren oder falsch zu behandeln. Ohne falsche Entscheidungen für ihn zu treffen, damit eventuelle Herausforderungen im Keim erstickt werden. Ich weiß, dass genau diese Angst jene ist, warum so viele Pferde in dieser Welt leiden müssen. Es ist einerseits die Faszination an diesen wunderschönen, großen, bewegungsstarken Wesen und andererseits das Bedürfnis, sie zu beherrschen, sie zu benutzen und sie bis zur Perversion für uns tanzen zu lassen. Ob sie dabei brechen, innerlich und äußerlich, interessiert die große Mehrheit nicht. Sie rechtfertigt ihr Handeln damit, dass Pferde immer schon benutzt wurden, dass die alten Lehrmeister es schon so taten und dass es wichtig sei, dass ein Pferd nun mal pariert. Heimlich aber wünschen sich viele Menschen eine Pferdefreundschaft wie bei „Fury" (amerikanische Serie aus den 50er-Jahren), als der schwarze Mustanghengst angaloppiert und den Jungen aufsteigen lässt, weil dieser ihn ruft. Die meisten von uns möchten von ihrem Pferd geliebt werden und hoffen auf ein märchenhaftes Miteinander. Sie schämen sich innerlich dafür und versuchen, mit realistischen (weil populären) Methoden dahinzukommen, dass es wenigstens so aussieht, als wären sie eine Einheit. Das scheint das höchste der Gefühle zu sein in Bezug auf die Pferd-Mensch-Beziehung. Wenn dann jemand wie ich daherkommt und verkündet, dass es auch anders geht. Dass es mehr im Pferdehirn gibt, als die instinktive Haltung, dem Druck auszuweichen – dann werden viele Menschen wütend. Die Wut steht vor der Angst, die eigentlich in ihnen herrscht. Die Angst vor dem starken Pferd. Davor, es auf Augenhöhe zu betrachten und in die Selbstreflektion zu gehen, welche unumgänglich wird, wenn man nicht mehr nur in der Einbahnstraße mit dem Pferd kommuniziert und es tatsächlich fragt, wie es ihm geht. Für viele ist der Spagat zwischen der Realität mit ihrem Pferd hin zu der Idee, die ich in diesem Buch beschreibe, einfach zu groß. Sie wehren sich hartnäckig dagegen, ihren Horizont um diese Bereicherung zu erweitern. Die Erfahrung zu machen, dass Pferde mit uns sprechen können, ist für viele einfach außerhalb ihrer Toleranz. Was wäre denn, wenn das Pferd einem ehrlich sagen könnte, wie es das findet, was man mit ihm macht? Was, wenn ich als selbsternannter Pferdeexperte alle Theorie und alle Praxis der jahrelang hart antrainierten Pferdemethoden überdenken oder sogar versenken müsste, in dem Moment, wo das Pferd zu mir spricht? Für manche würde sich das anfühlen, als wäre ein halbes Leben im Eimer und als wäre die eigene Identität auf einmal weg. Als würde man den Boden unter den Füßen verlieren. Zu schmerzhaft wäre die Einsicht, zu radikal wäre der Umschwung, den die eigene Persönlichkeit hinnehmen müsste. Also reagiert man mit Wut. Ich verstehe das. Auch für mich ist es nicht immer einfach, meine Ideen über Pferde und Pferdehaltung durch meine eigenen und andere Pferde korrigieren zu lassen. Eine erneute Lektion hierfür sollte nur ein paar Wochen später anstehen.

KAPITEL 12

DER KLEINE HENGST – DIE ENTSCHEIDUNG

Seit einigen Tagen ist Mouna rossig und Makani hat seine Hormone entdeckt, mit ziemlich genau 11 Monaten. Erst hat mich das nicht alarmiert, sein Babyhengstgehabe fand ich normal. Vor ein paar Tagen dann wachte ich schon sehr früh auf und ging instinktiv nach den Pferden sehen: Mouna schlug sich gerade halbwegs unmotiviert mit Makani herum, der nun ganz schön hengstig an ihr herumarbeitete. Er fuhr das volle Hengstprogramm auf mit Riechen, Flehmen, Brummeln, „Schwanzwedeln" und so weiter. Ich sah, wie er aufsprang und mir wurde kurz anders, als Mouna das in recht entspannter Art und Weise zwar abwehrte, aber eben halbherzig. Ich sah, dass für einen richtigen Deckakt nicht mehr viel fehlte. Ich rannte raus und verscheuchte Makani von ihr. Dann trennte ich die beiden ab. Makani war zwar etwas geknickt deshalb und stand erstmal etwas planlos am Zaun, er rief auch etwas, aber Milan war ja noch da. Nach einiger Zeit arbeitete Makani seinen Frust in einem wilden Renn- und Steigspiel mit Milan ab. Mouna hingegen antwortete kein einziges

Mal auf Makanis Rufen und war einfach nur sehr dankbar für die Ruhe und dass sie endlich mal allein im Garten alle Gräser und Kräuter rupfen durfte, wie es ihr gefällt. Sie schlief sogar eine Zeitlang im Garten und fand, dass alles gut so sei.

Ich wusste vor Makani schon einiges über Aufzucht und Hengste, hatte selbst eine Pferdezucht geleitet, jedoch ist meine Haltungsart hier ja etwas unkonventioneller: in Absprache mit den Pferden. Die erste Lektion, die meine drei Pferde mich hier lehrten, war ja jene, dass hier keine weitere Stute mit Fohlen leben müsse, damit Makani auch artgerecht aufwachsen würde, und außerdem, dass ein Absetzen des Fohlens durch den Menschen nicht nötig sei. Meine Pferde bestehen bis heute darauf, unter sich zu bleiben, weil neue Herdenmitglieder, sogar lange vor der Geburt, für sie keine Option waren, sondern nur stressig wären. Die Dreierherde fand den Familienzusammenhalt am wichtigsten, niemandem fehlte es an etwas, keiner war überfordert. Makani wuchs sehr glücklich und behütet zwischen seinen Eltern auf und wirkte auch nie so reif, dass ich dachte, er müsste nun mal langsam weg von ihnen. Im Gegenteil: Es machte alles sehr viel Sinn, und mein Fohlen sieht so viel besser und selbstbewusster aus, er ist so viel glücklicher, als ich es von Aufzuchten kenne. Natürlich höre ich auf meine Pferde und natürlich glaube ich ihnen am Ende immer, aber ich bin die Verantwortliche, am Ende muss ich im besten Willen für uns entscheiden. Es ist nicht immer einfach, seinen eigenen Glauben in Bezug auf Pferdehaltung hintenanzustellen. Auch für mich ist das, zumindest bei meinen eigenen Pferden, immer wieder eine Herausforderung. Ich wollte doch alles richtig machen für Makani. Meine Pferdefamilie hier zu erleben, wie sie nach ihren Bedürfnissen leben darf, war schon Bestätigung und Mut machen genug.

Nach dem kurzen Schock, dass Makani mit nicht mal einem Jahr meint, seine Mutter ernsthaft decken zu müssen, wurde mir klar, dass ich nun nicht drum herumkäme, eine wichtige Entscheidung für meine Pferde zu treffen. Ich hatte schon gelesen von Stuten, die von ihren Hengstfohlen trächtig wurden, und das wäre natürlich mein persönlicher Super-GAU. Wenn man die Geschlechtsreife von Hengsten googelt, dann liest man von neun Monaten bis zu zirka eineinhalb Jahren. Mein Alarm war an! Ich kapierte nicht, wieso Mouna ihn nicht deutlicher abwehrte und wieso Milan Makani nicht daran hinderte, seine Mutter mit deutlicher Hengstmanier (nicht im Spiel) zu bespringen. Denn nur einen Tag zuvor hatte mir Mouna noch versichert, dass Makani mindestens den Sommer über noch gefahrlos so bei ihr bleiben könne, wie er ist. Nach dem, was ich dann aber morgens sah, informierte ich mich über die Möglichkeiten von Sterilisation und Kastration. Ich hatte gehofft, Makani möglich lange Hengst sein lassen zu können, damit er sich möglichst gut entwickeln könnte. Ich glaubte, dass je länger ein Hengst Zeit hätte, umso besser wäre sein Körper entwickelt. Ich glaubte, dass das ein sehr ausschlaggebender Punkt wäre für das Leben eines Hengstes, der später Wallach werden müsste. Ich hatte sogar ein wenig Hoffnung, dass ich Makani immer als sterilisierten Hengst belassen könnte. Wie, das hatte ich mir noch nicht ausgemalt, denn eins hatte ich bereits kapiert: Wenn ich mit meinen Pferden gemeinsam entscheide, wie ich sie halte, dann nützen jahrelange Vorausplanungen nichts. Man fließt mit dem Leben mit und passt seine Handlungen dem Moment an. Aber jetzt war so ein Moment. Ich musste handeln!

Die Sterilisation war also meine liebste Option, aber es gab auch drei weitere Optionen: Entweder Makani nun doch mit einem weiteren Jährling zu separieren und sie Jungs sein zu lassen, ihn ganz in eine Jungpferdherde abzugeben oder aber ihn zu kastrieren. Ich fand eigentlich alle Optionen suboptimal, denn alles hatte deutliche Nachteile:

1. Sterilisation: Makani wäre trotzdem Hengst, bloß nicht zeugungsfähig. Die Operation dafür könnte hier stattfinden, wäre aber nicht weniger riskant und ernst als eine Kastration. Er würde seine Hormone behalten, sein Körper würde sich natürlich weiterentwickeln. Er würde dennoch bei jeder Rosse von Mouna auch hengstig agieren und sie belästigen. Ich müsste sie dann also immer trennen. Das wäre für Milan stressig, für Mouna ganz okay, für Makani stressig. Für mich riskant, dass der pubertierende Hengst hier den Laden aufmischt, wenn Kurspferde kommen. Eventuell würde die Kastration dann trotzdem folgen müssen, eine zweite Operation wäre später nötig.

2. Trennung mit Jährling: Makani würde mit einem Einstellerjährling dauerhaft separat stehen, ich hätte zwei mal zwei Pferde auf meinem Hof. Zu jeder Rosse von Mouna wäre er hengstig über den Zaun. Und sie ist regelmäßig rossig, denn im Gegensatz zu den Wildpferden bekommt sie ja keine weiteren Fohlen und ist somit auch nicht trächtig, die Rosse wiederholt sich also oft.

3. Makani in eine Jungpferdherde geben: Trennung der Familie auf allen Ebenen. Keinerlei Möglichkeit mehr, für Makani spontan zu entscheiden, weil er in fremden Händen wäre. Möglicherweise das Lernen der Realität von Pferden, die nicht wie er aufgewachsen sind. Eventuell aber mit dem Vorteil, dass er sich neu entdecken kann und neue Freunde findet, dass er später kastriert werden kann und dann halbwegs erwachsen wieder bei uns integriert werden kann.

4. Kastration: Eine sehr endgültige Entscheidung mit einem aggressiven Eingriff in Makanis Körper und in seine Entwicklung. Seine Männlichkeit würde sich nie voll und ganz entwickeln. Vorteile: Alle können gemeinsam weiterleben, so wie sie es bisher wollten. Niemand müsste den Hof verlassen, alle könnten unter meiner Obhut in ihrem Zuhause bleiben.

Ich wartete noch auf die Rückmeldung der Tierärztin und nutzte die Zeit, um ein ernsthaftes Pferdegespräch mit meinen dreien zu führen. Obacht: Dieses dokumentierte Gespräch ist absolut kein gutes Beispiel für ein professionelles Pferdegespräch, denn das Sprechen mit eigenen Pferden läuft auf einer anderen Gesprächsebene ab, als wenn ich in meiner professionellen Präsenz für andere Menschen und Pferde arbeite. Hierbei aber bin ich ganz privat unterwegs und emotional SEHR involviert, meine Sichtweise ist aus keiner übergeordneten Perspektive. Dennoch brauchte ich keine professionelle Hilfe (nur die Rückversicherung einer Freundin, die auch noch reinhörte), um meine Pferde richtig zu verstehen. Hier folgt also das unprofessionelle Pferdegespräch:

Makani:

Er zeigt sich fröhlich, fordert mehr Kratzeinheiten und Körperkontakt mit mir ein. Er sagt, dass er das Führen über Stangen richtig toll findet. Je größer und aufregender der Parcours aus Stangen aussieht, den ich lege, umso toller findet er es. Er möchte auch Freispringen mit Milan und ist ganz aufgeregt, wie es sein wird, das erste Mal über eine Stange zu springen. Als ich ihn frage, ob er weiß, wieso ich ihn von Mouna getrennt habe, sagt er scheinheilig: „Nö. Ich weiß nicht so recht, was ich tue, ist doch alles normal so!" Ich erkläre ihm, was er schon weiß, nämlich, dass es so nicht bleiben kann. Ich zeige ihm, dass es eine Operation geben wird, das findet er nicht so toll. Aber er möchte bitte unbedingt mit Milan zusammenbleiben, eigentlich auch mit Mouna. „Kann sie nicht einfach zu jemand anderem?" fragt er. Ich lache und sage, dass Milan das überhaupt nicht gut finden würde. Er sagt: „Stimmt, wir gehören alle zusammen. Ich will bei meinen Eltern bleiben." Ich zeige ihm die Option, in eine Jungpferdherde zu gehen. Das will er auf keinen Fall! Er will hierbleiben und glaubt auch, dass andere Jungpferde nicht so sind wie er. Dann zeige ich die Option, einen Jährling dazuzuholen. Mache es ihm schmackhaft, dass er einen tollen, neuen Freund bekommen würde. Er ist überhaupt nicht begeistert und sagt: „Ich will nur mit Milan zusammen sein. Jährling und Milan, das wäre okay. Auf keinen Fall aber ohne Milan. Dann wäre ich eher genervt von dem anderen Pferd und wütend."

Milan:

Ohne dass ich etwas sagen kann, sagt er direkt: „Mach dir keine Sorgen, es ist alles in Ordnung." Und dann schaut er entspannt in die Weite und signalisiert mir, dass er auf alles aufpasst. Ich: „Aber warum hinderst du Makani dann nicht am Bespringen seiner Mutter?" Und er: „Das kann ich nicht, das muss Mouna machen." Ich: „Aber du bist doch der Mann von ihr." Er: „Aber er ist ihr Sohn, sie muss ihn dahingehend erziehen, das macht sie auch." Ich: „Mir ist das Risiko aber zu groß, er wird sie am Ende noch decken, vielleicht hat er es sogar schon." Er: „Nein, noch nicht. Aber wenn er groß ist, dann wäre es vielleicht so." Ich: „Und bis dahin kannst du ihn nicht daran hindern?" Er: „Kastrier ihn doch einfach. Er wird es sonst nur schwer haben. Alles andere wäre schlimmer für ihn. Er würde frustriert aufwachsen. Auch für mich wäre es sehr anstrengend, ihn mit oder ohne Mouna weiter zu erziehen, ich bin bald alt." Ich: „Danke, Milan."

Mouna:

„Mir geht es gut gerade, endlich mal etwas Pause. Ich liiiebe den Garten! Makani nervt, aber so ist es nun mal. Er ist mein Kind. Ich nehme ihn nicht ernst in seinen hengstigen Absichten, ich kann ihn noch über den Sommer abwehren." Ich: „Das sieht aber nicht so aus!" Sie: „Doch, ich lasse ihn nicht rein. Er ist auch noch gar nicht so weit." Ich: „Das glaube ich dir nicht und es sieht anders aus." Sie: „Weil es nicht passieren wird, ich bin entspannt." Ich: „Dieses Gespräch ist heftig für mich." Sie: „Du übertreibst!" Ich: „Und was machen wir nun?" Sie: „Die Ruhe ist gut gerade. So geht es erst mal." Ich: „Soll ich ihn kastrieren?" Sie: „Warum nicht? Er ist ein sehr gesundes, gut entwickeltes Fohlen. Die Grundlage für sein Leben ist perfekt gelegt." Ich: „Naja, die Entwicklung für Makanis Körper wäre mit der Kastration gestört. Milan war zum Beispiel länger Hengst." Sie: „Da kenne ich mich nicht so aus, aber ich glaube, du übertreibst. Hör auf Milan." Ich: „Brauchst du sonst noch etwas?" Sie: „Nur, dass du dich entspannst." Ich: „Ich liebe dich."

Aus diesem Gespräch zog ich das Fazit, dass baldige Kastration wohl das Beste für alle wäre. Auch, wenn ich mich einen Moment lang damit herumschlug, dass ich nicht bloß die einfachste Lösung wählen dürfte. Aber es ist absehbar, dass ein Abtrennen von Makani und eine dadurch spätere Kastration in den Augen meiner Pferde ihm große Frustration mitbringen würde, die damit seine geistige Entwicklung negativ beeinflussen würde. Er wäre von seinem Vater und besten Freund enttäuscht, weil er allein gelassen würde. Er würde immer wieder auf seine rossige Mutter reagieren müssen, hätte aber keine eigenen Herdenmitglieder, an denen er sich normal ausprobieren könnte. Keine anderen erwachsenen Pferde, Stuten oder Hengste, die ihm Manieren beibrächten. Er würde seine Eltern zwar sehen, aber nicht mit ihnen agieren dürfen. Das würde ihn frustrieren. Er würde den Frust oft an dem anderen Jährling auslassen. Das alles nur, damit er keine körperlichen Nachteile hätte.

In den Jahren meiner Zeit als Tierkommunikatorin habe ich gelernt, dass körperliche und geistige Gesundheit Hand in Hand gehen, und zwar nicht nur teilweise, sondern ganzheitlich. Eine der wichtigsten Erkenntnisse hierbei: Nur ein grundsätzlich glückliches Pferd ist ein gesundes Pferd. Dauerhafte Frustration führt zu Krankheit. In diesem Fall also hätte ich zwar körperlich das Bestmögliche für Makani getan, wenn ich ihn noch nicht kastrierte. Geistig aber würde ich ihn enttäuschen und frustrieren. Auch unsere Beziehung würde darunter leiden. Dennoch war meine Entscheidung noch nicht gefallen.

Dann kam endlich der Anruf meiner Tierärztin. Sie hatte einige interessante Neuigkeiten für mich: Erstens ist Makani ganz bestimmt jetzt noch nicht geschlechtsreif, sondern braucht noch zirka ein halbes Jahr, bis er ernsthaft zeugungsfähig ist (siehe Mounas Aussage, natürlich hatten meine Großen mal wieder recht! Ich hatte in meiner Angst übertrieben.) Bis dahin würde die Stute schon dafür sorgen, dass er sie nicht deckte. Die Gefahr wäre bloß, dass die beiden sich bei diesen Rangeleien ernsthaft verletzen würden. Sie erwähnte sogar, dass viele Züchter ihre Jährlinge beidgeschlechtlich zusammenhalten. Ich fragte noch einmal nach, ob sie ganz sicher sei, dass er seine Mutter jetzt nicht erfolgreich decken könnte. Sie sagte mir dies zu. Zweitens wäre eine Kastration jetzt besser, als in ein paar Monaten, weil wir sie hier bei uns auf dem Hof vornehmen würden und Makani ein paar Tage eine offene Wunde hätte, die in Sommermonaten schwieriger heilt durch die Wärme und die Fliegen. Und drittens erklärte sie mir, dass früher gelegte Wallache größer würden. Das sollte ich wissen, er würde dann groß wachsen.

Ich musste lachen, denn mir hatte Makani schon prophezeit, dass er größer würde als Milan. Ich bin 1,81 Meter groß und hoffe sehr, dass Makani Spaß daran haben wird, mit mir reiten zu gehen. Sie sagte noch, dass seine Halsung sich weniger entwickeln würde, wenn er kein Hengst mehr wäre, aber ich weiß schon, dass Makani dabei auch den Erwartungen trotzen wird. Er hat mir bereits gezeigt, wie er als erwachsenes Pferd aussehen wird. Man sieht es schon seit Tag eins, wie seine Anlagen sind. Auch ohne Testosteron. Er wird nicht zusammenfallen und kein mickriger Halbstarker werden, auch kein Wallachwicht, dafür haben wir hier alle gesorgt. Auf allen Ebenen.

Die Tierärztin sagte noch, dass die andere Option sei, ihn dann im Herbst zu kastrieren, wenn die Hitze vorüber ist. Für diese Option habe ich Rückfrage mit Milan gehalten, aber er bleibt bei seiner Meinung: Kastration jetzt ist kein Problem für Makani. Das Herauszögern aber könnte kompliziert werden für alle. Am Ende treffe ich diese Entscheidung für uns alle, auch in Abwägung meines eigenen Befindens.

Für meine Kunden ist es mir immer ganz klar: Ich finde Kompromisse zwischen Mensch und Pferd, die für beide vertretbar sind, denn nur gemeinsam können sie glücklich sein. Es nützt nichts, wenn das Pferd sich 1,50 Meter Sprünge wünscht, der Mensch aber reitend dabei fast in Ohnmacht fällt vor Angst. Für mich bedeutet das in unserem Fall, dass es mir sehr viel Stress bereiten würde, Mouna und Makani den Sommer über noch in jeder Rosse räumlich zu trennen und dann noch zu hoffen, dass der pubertierende Hengst, der schon als Fohlen gern mal durch den Zaun stolzierte, hier keine unnötige Unruhe in meine Kurse bringt. Und so darf ich heute die nächste Lektion meiner Pferde mal am eigenen Körper spüren: Ich entscheide das, was für uns alle am besten ist. Ich suche den bestmöglichen Kompromiss, in dem ich eine wichtige Rolle spiele. Makani wird in den kommenden Tagen kastriert. Gut fühlt sich das sicher nicht an, aber ich weiß, dass es das Richtige ist.

KAPITEL 13

DAS BOXENPFERD

Es gibt ein Pferd, mit welchem ich mittlerweile befreundet bin. Unsere Bekanntschaft begann als geschäftliche Beziehung, seine Menschin hatte mich beauftragt, ihm zu helfen. Er hatte anaphylaktische Schocks erlebt und nach einem Pferdegespräch sollte ich im Stall vorbeikommen, um heilend mit ihm zu arbeiten. Über diese Treffen entwickelte sich eine enge Freundschaft zu dem Pferd und der Besitzerin, die nun seit vielen Jahren besteht. Die Schocks blieben danach aus.

Dieser Pferdemann sollte mir viel über Pferde beibringen.

Wie wir alle wissen, gibt es in der Pferdewelt massenweise Anweisungen und Ideen, wie man mit Pferden umzugehen habe, wie sie gehalten werden müssten und was man mit ihnen wie machen sollte. Es gibt Ideologien über jedes Equipment und wie man es anwendet, über alle Reitweisen und Futtersorten. Allen Ideologien fehlt eines: die Meinung der Pferde. Gerade die Meinung dieses Pferdemanns war mir immer wieder ein wichtiger Korrekturpunkt, um mich nicht in Verallgemeinerungen über Pferde zu verlieren. Denn wenn immer ich meinte, soundso hätten es alle Pferde gerne, kam er mit einer Gegenmeinung.

Dieses Pferd liebt seine Box abgöttisch. Und damit meine ich nicht, dass er eine ganz bestimmte Box bevorzugt, sondern ich meine: Er liebt generell seine eigenen vier Wände mit Dach über dem Kopf. Er braucht unbedingt die Möglichkeit, sich zumindest nachts in seine Box zurückziehen zu dürfen. Da gibt es für ihn auch keine Verhandlungsmöglichkeit, keine Kompromisse. Selbst, wenn Mensch meint, dass viel Freilauf, Offenstallhaltung oder zumindest mehr Bewegung generell wichtig für ihn wären: Er hat seine Prinzipien. Ich begleite dieses Pferd mit regelmäßigen Pferdegesprächen schon rund 10 Jahre lang und er hatte in dieser Zeit verschiedene Ställe, in denen er zu Hause war. Egal, wo er stand, immer war klar: Eine Box musste es sein. Mit Tür bitteschön. Und nachts geht es rein. Manchmal sogar tagsüber, wenn das Wetter zu schlecht ist.

Wenn er reinwollte, stand er ungeduldig am Weidetor. Wiederholt hatte seine Menschin ihm eine wunderbare Paddockbox gegönnt, in der er die Möglichkeit hatte, auch draußen zu stehen. Selten fand man einen Pferdeapfel außerhalb seiner stabilen vier Wände und geschlafen wurde sowieso aus Prinzip drinnen. Einmal stand dieses Pferd zwischenzeitlich in einem Offenstall, wo man ihm aufgrund seiner Vorliebe extra eine Notfallbox aus nicht sehr stabilen, oben offenen Trennwänden zur Verfügung gestellt hatte. Das war in seinen Augen natürlich nicht adäquat! Viel zu wenig massiv, vollkommen unter seinem Niveau. Also wieherte er nachts alle paar Minuten, bis man ihn daraus befreite. Er akzeptierte dort gerade noch so eben den massiven Unterstand für sich allein. In einem anderen Stall stand er im Sommer auf einer Wiese mit anderen Wallachen und mit angrenzendem Paddock und Unterstand. Punkt acht Uhr abends konnte man ihn dabei beobachten, wie er, notfalls völlig allein, in sein „Haus" ging und sich dort niederließ.

Es gibt noch weitere Eigenarten dieses Pferdes. So fand er beispielsweise Turniere wahnsinnig toll. Er ist ein stolzes Pferd, welches gern bewundert wird, und obwohl seine Besitzerin nichts von Turnieren hält und selbst keine reitet, zieht ihn das Gewimmel auf Turnieren an. So sehr, dass er bei Ausritten gern selbst mal eine Hofeinfahrt einschlug, wenn dort ein Turnier stattfand. Auch Hängerfahren war eins der Dinge, die er gern tat. Dazu kommt noch, dass er es toll findet, wenn man ihm Zöpfe flechtet. Er meint, das stehe ihm. Und nicht zuletzt steht er wahnsinnig auf Ordnung. Er sagt und zeigt deutlich, wie toll er es findet, wenn jemand seine Einstreu akkurat quadratisch zusammenharkt. Er steht auch auf gute Pflege und Unterstützung durch den Menschen. In seinem Futter akzeptiert er außerdem nichts, was irgendwie aus dem Rahmen fällt. Obst ist nicht sein Ding, exotische Futtermischungen auch nicht. Auch, wenn man ihm mit einem reichhaltigen Angebot einen Gefallen tun möchte, bleibt er naserümpfend beim Alten. Dieses Verhalten geht sogar so weit, dass er eine kleine, monoton angepflanzte Grasfläche mit „Kuhgräsern" definitiv einer drei Hektar großen, artenreichen Gräserwiese mit Kräutern vorzieht. Stellte man ihn auf die große Kräuterwiese, stand er am Tor und fraß wenig bis gar nicht. Ließ man ihm die Wahl, so ging er frohen Mutes direkt auf die kleine Monokulturwiese und fraß dort ununterbrochen.

Er ist einfach ein ganz besonderes Pferd.

Dass ein Pferd solche Vorlieben hat, kann durchaus mal durch Prägung passieren. Also im Sinne dessen, dass das Pferd zum Lebensbeginn nicht anders gelernt hat, zu sein. Dass es sich deshalb nur mit den bekannten Umständen sicher und gut fühlt. Wenn jedoch vom Menschen solche Prägungen nicht unterstützt oder solche Überzeugungen nicht gefüttert werden und das Pferd rundum glücklich ist, also keinen Nutzen von seinen gewohnten Überzeugungen hat, dann muss man nach einigen Jahren doch davon sprechen, dass es ehrliche Vorlieben des Pferdes sind.

Es gibt zwischen seiner Menschin und mir einen Running Gag. Eine bekannte Pferdefrau, welche gern für Freiheit von Pferden einsteht, hatte mal als Überschrift zu einer ihrer Veröffentlichungen stehen: „Möchte Ihr Pferd auf 30 Hektar leben?". Immer, wenn eine von uns diesen Satz sagt, wenn ihr Pferd mal wieder etwas Kurioses gesagt hat, brechen wir in schallendes Gelächter aus. Denn die Antwort lautet: Nein!

Kurz vor der Veröffentlichung dieses Buches lebt dieses Pferd nun nicht mehr. Alfi hat es in den Pferdehimmel geschafft. Als seine müden Knochen langsam keine Kraft mehr zum Aufstehen hatten, wurde alles in menschlicher Macht stehende getan, um ihm zu helfen. Eines Tages aber reichte das nicht mehr. Für meine Freundin Yvonne war es ein schmerzlicher Abschied, für Alfi aber war es völlig in Ordnung, nun gehen zu dürfen. Er war ein glückliches Pferd, welches gehört und geliebt wurde für das, was er war.

Wäre Alfi nicht gewesen, wären Yvonne und ich heute keine engen Freundinnen. Wäre Alfi nicht gewesen, wäre mein Pferdehorizont viel enger, als er heute ist. Und ohne Alfi hätte ich die zündende Idee für mein bevorstehendes Stallprojekt nie gehabt.

Alfi, es hat Spaß gemacht, deine Schülerin zu sein. Danke für dein friedliches, lustiges, stolzes und lichtvolles Sein. Du bist immer bei uns.

KAPITEL 14

PFERDELIEBE

Die wichtigste Grundlage für ein Pferd in Obhut eines Menschen ist unsichtbar. Es klingt schwer greifbar, ist aber doch so simpel. Was ein Pferd in Obhut eines Menschen an allererster Stelle benötigt, ist die Liebe. Aus dieser herauswachsend folgt die Fürsorge, die Verbundenheit und die Verantwortung des Menschen seinem Pferd gegenüber. Damit ist nicht die verklärte, oftmals fehlgeleitete, überzogene Tierliebe gemeint, die viele Menschen haben, um sich von den eigenen, menschlichen Problemen abzulenken. Sondern damit meine ich dieselbe Bindung, die man auch zu seinen Kindern, Freunden und Familienmitgliedern haben sollte. Das Füreinandereinstehen in absoluter Loyalität, einfach, weil man zusammengehört.

Aus meinen unzähligen Pferdegesprächen kann ich dieses Resümee ziehen. Egal, was für weltliche Probleme auf Pferd und Mensch einwirken. Ob es Umzüge sind, Krankheiten, Unfälle, tragische Wendungen und so weiter. Es macht einen himmelweiten Unterschied, ob das betroffene Pferd dabei auf seinen Menschen zählen kann oder nicht. Pferde, die längst gelernt und verstanden haben, dass ihre Menschen wirklich auf sie aufpassen, sie schätzen, lieben und ihnen zuhören, die kann fast nichts umhauen. Die kommen klar mit den unangenehmsten Zuständen im Stall, mit anstrengenden Herdensituationen, mit Krankheiten und sogar mit einem totalen Wechsel des Umfelds. Sie behalten Optimismus und einen kühlen Kopf. Weil diese Pferde wissen, dass sie behütet sind, dass ihr Mensch beständig bleibt. Wie in einer guten Partnerschaft, in der man gemeinsam durch dick und dünn geht und in der man weiß: Solange mein Partner an meiner Seite ist, schaffen wir alles, egal was es ist.

Ich weiß, dass das schwer zu verdauen ist, wenn man immer und immer wieder gelernt hat, dass das Pferd als Tier vor allem X, Y und Z (je nach „Glaubensrichtung") benötigt, um sich wohlzufühlen. Doch alle äußeren Umstände nützen nichts, wenn das Pferd innerlich einen Anlass zur Sorge hat oder wenn seine Psyche ihm Isolation, Anlass zur Unsicherheit und Gefahr signalisiert. Um diese Empfindungen abzustellen, braucht es den Menschen. Es ist wie ein Pflaster auf einem Symptom, wenn man für ein Kolikpferd nur die Fütterungsumstände verbessert. Es ist wie ein nett gemeinter Tropfen auf den heißen Stein, wenn man für ein tief trauriges, traumatisiertes Pferd nur einen Spielkameraden dazuholt. Es ist keine Lösung, ein innerlich ausgebranntes Pferd in einen Aktivstall zu verfrachten, wo es keine Chance hat, neue Kraft zu schöpfen. Die so gut gemeinten, unter menschlich oftmals großer Anstrengung vollzogenen Umstände, die man unter „pferdegerecht" abgespeichert hat, machen isoliert selten den großen Unterschied, um das Pferd glücklich zu machen. Auch ich habe viele, viele Pferdegespräche benötigt, um das wirklich und wahrhaftig zu verstehen. Deshalb formuliere ich es hier noch einmal deutlich:

Dein Pferd hat nichts davon, wenn du aus dem letzten Loch pfeifst, dich in deiner unglücklichen Jobsituation total verausgabst, deine eigenen Traumata ungesehen durchs Leben schleppst, aber für dein Pferd alles tust, damit es ein schönes Zuhause hat. Es wird niemals glücklich, gesund und ausgeglichen sein, egal was du auf die Beine stellst. Es wird besorgt, krank, unruhig oder verhaltensauffällig sein. Weil es dich spürt! Weil es dich liebt und mit dir unumgänglich verbunden ist. Dein Pferd weiß, wie es dir geht. Es weiß, was du denkst und fühlst. Es weiß, was dir auf der Seele liegt, und wenn du einen Anlass zur Sorge hast, dann ist dein Pferd schlau genug, ihn auch zu haben. Das ist Fakt.

Für manche mag das noch weit hergeholt oder fantastisch klingen, aber es ist recht simpel und bedeutet nicht einmal, dass mystische Sinne dabei im Spiel sind. Stell dir kurz vor, du wärst mit einem Partner zusammen, der nach außen alles für dich tut, aber im Inneren unruhig ist. Er räumt dir Zeit ein, er macht dir Geschenke, er kümmert sich darum, dass du alles hast, was du brauchst. Aber er wirkt dabei abgearbeitet, unglücklich oder abwesend. Wie lange würdest du dir das mit ansehen, bevor du ihm klarmachen würdest, dass du kein Interesse daran hast, dass er sich nur für dich aufarbeitet, wenn er selbst dabei draufgeht? Nicht sehr lange vermutlich. Nun stell dir vor, er würde dir nicht mal zuhören. Deine Ansprachen würden ungehört im Raum verpuffen. Du hättest aber keine Chance, dich zu trennen oder ein Machtwort zu sprechen. Dann würde was passieren? Richtig, auch du wärst bald unglücklich. Und müsstest diesen Zustand irgendwo anders herauslassen. Pferde richten so etwas dann oftmals gegen sich selbst. Sie werden krank oder verletzen sich. Oder sie lassen es an anderen Pferden aus. Vielleicht werden sie auch unreitbar oder schwer zu handhaben. Auf einmal kann man mit ihnen nicht mehr ausreiten, weil sie sich so aufregen oder auf der Hinterhand umdrehen, sobald eine kleine Unregelmäßigkeit im Gelände auftaucht. Pferde suchen ihre Ventile im Außen, wenn man sie nicht anhört, weil sie keine andere Wahl haben.

Deshalb ist die Lösung vieler Probleme in der Pferd-Mensch-Beziehung das wirklich offene Gespräch zwischen beiden Parteien.

Es braucht das Bewusstsein des Menschen darüber, dass seine Handlungen und seine Lebensweise auch immer das Leben seiner Liebsten beeinflusst, ob er es will oder nicht. Wenn man auf Herzensebene verbunden ist, teilt man eine gewisse Seelenschnittmenge und diese besagt, dass alle, die darin vorhanden sind, miteinander fühlen.

So ist es nicht zuletzt die Liebe deiner Nächsten, in unserem Fall die Liebe deines Pferdes, die das Beste in dir hervorbringt. Weil du lernen darfst, dass dein eigenes Wohlergehen nicht nur für dich wichtig ist. Automatisch wird dein Einsatz, für dich da zu sein, ein glücklicherer Mensch zu sein, deine Bedürfnisse zu bedienen, auch deinem Pferd ein besseres Leben verschaffen. Dieser kleine „Trick" unserer Pferde hat mich schon in unzähligen Pferdegesprächen fasziniert und erfreut. Wie sie direkt sagen, dass der Wunsch des Menschen, dass es ihrem Pferd besser gehen möge, damit beantwortet wird, dass sie nur gemeinsam glücklich sein können. Meistens können die Pferde dann auch ziemlich genau benennen, was der Mensch zugunsten seiner Selbst ändern darf. Für viele Menschen ist es so viel einfacher, das eigene Leben zu ändern, damit auch das Pferd wieder glücklich ist, als es „nur" für sich selbst zu tun.

KAPITEL 15

DIE SEELENSCHNITTMENGE

Viele Menschen, denen diese Idee nicht ganz fremd ist, haben schon mal in der einen oder anderen Form gehört, dass Tiere, also auch Pferde, uns spiegeln würden. Dieses Thema hat bereits Bücher gefüllt von mindestens zwei meiner liebsten Kolleginnen, und doch ist es etwas, wo ich erst mal durchatmen muss, wenn ich damit konfrontiert werde. Denn so einfach ist es nicht. Es geht um sehr viel mehr als das. Hierbei muss ich ein wenig auf alle Tiere eingehen, denn das ist eine universelle Sache, die manche vielleicht besser bei ihrem Hund oder ihrer Katze zuordnen können, weil sie einen gemeinsamen Lebensraum teilen, wohingegen man das Pferd meist nur eine Stunde am Tag oder seltener sieht.

Es gibt den Irrglauben, dass unsere Tiere immer das zeigen, was wir eigentlich sind, tun, erleben, denken und fühlen. Dass wenn ich zu viel inneren Frust hege, mein Hund davon Krebs bekommt. Dass wenn ich auf einem Turnier aufgeregt bin, mein Pferd es mir gleichtut, weil ich es tue. Dass wenn ich Liebeskummer habe, meine Katze anfängt, unrein zu werden, weil auch sie so leidet.

Grundsätzlich ist die Idee daran nicht verkehrt. Aber sie ist doch weitaus komplexer, dazu komme ich später. Was mich an dieser Spiegel-Sache aber maßgeblich schon immer gestört hat, ist dies:

Ein Spiegel ist ein Objekt, welches keine Eigenschaften besitzt, außer leblos zu sein und diesen einen Nutzen zu haben: mit seiner starren Oberfläche ganz genau wiederzugeben, was davorsteht. Einfach zu reflektieren und aufzuzeigen. Es wird einzig dazu genutzt, sich seinem Ego zu widmen: Wie sehe ich aus, wie wirke ich? Es befähigt einen dazu, sich selbst in seinem nahen Umfeld zu sehen. Zu sonst nichts. Es hat keinen eigenen Charakter, keine Geschichte, kein Profil. Es spiegelt nur jemand anderen.

Sind unsere Tiere wirklich nicht mehr, als eine reflektierende Oberfläche, die stumpf einfach immer wiedergibt, was bei uns los ist? Und ist uns klar, dass, wenn wir von Spiegeln sprechen, es immer nur um ein Individuum gehen kann, um welches sich angeblich dann alles dreht? Meinen wir wirklich, dass wir das Zentrum des Universums sind, um das sich alles dreht, und dass alle anderen nur dazu da sind, uns zu reflektieren? Besonders unsere Tiere?

Das ist leider tatsächlich die Meinung vieler Menschen. Sogar derer, die denken, sie seien besonders tierlieb. Je tierlieber, umso egozentrischer, könnte man in manchen Fällen sogar meinen. Denn manchmal ist übertriebene Tierliebe tatsächlich ein Kompensator für eigene Probleme, die nicht angesehen werden möchten. Also stürzt man sich auf noch Schwächere und versucht dort, alles wieder gutzumachen, was an einem selbst verbrochen wurde. Gerade sehr selbstkritische und traumatisierte Menschen neigen dazu, diese Spiegel-Sache intensiv zu verfolgen. Leider vergessen sie dabei, dass, je mehr sie dabei im Spiegel nach Bestätigung dessen suchen, sie ihr Tier umso weniger wirklich wahrnehmen. Es gibt hier dann nur die Einbahnstraße in der Kommunikation mit dem eigenen Tier. Dabei wollte man ursprünglich bezwecken, das Tier besser zu verstehen und die Beziehung zu intensivieren.

Wenn es sich aber immer nur um einen selbst dreht, man immer nur sich selbst dabei sieht, kann das auch nicht funktionieren. Aus dieser Opferhaltung heraus, in der man den Fehler immer bei sich selbst sucht, agiert man nur minimal besser, als wenn man das Pferd nur als Reitobjekt sieht. Die Ebene der Beziehung bleibt dann immer eine unausgeglichene, in der das Tier nur das reflektieren, nur reagieren und nur das anzeigen darf, was der Mensch in sich wiederfindet. Es wird dabei nicht wirklich angehört. Es hat keine Chance, seine eigene Geschichte zu erzählen, weil auf ein synchrones Vorkommnis immer sofort die Spiegel-Theorie gestülpt wird.

Dabei geht es viel tiefer. Wenn wir nur einen Moment nachdenken und erlauben, dass das Pferd seine eigene Geschichte, sein eigenes Leben, seine eigene Seele und seinen eigenen Lebensauftrag hat, dann wird uns eins schnell klar: Es darf auch eigene Themen haben. Es darf sogar eigene Beweggründe haben, wenn es etwas zeigt, was wir auch haben. Es darf sogar, und jetzt Obacht!, derjenige sein, der in den Spiegel blickt. Und du bist es, der spiegelt.

Das ist übrigens auch der Grund, warum mir Seminare im Stile von „Coaching mit Pferden" grundsätzlich erst mal missfallen. So wie therapeutisches Reiten einst aus dem Boden spross, hat sich über die vergangenen Jahre eine Flut von Angeboten breitgemacht, in denen man lernen darf, wer man ist – mit dem Pferd als Lehrer. Oder noch besser: Wie gut man als Führungskraft ist. Dass die Pferde dabei gezwungen sind, auf fremde Menschen zu reagieren und auf diese einzugehen, weil sie nicht anders können, und dass die meisten Pferde dazu überhaupt keine Lust haben und auch nicht alle dazu gemacht sind, Lehrer für Menschen zu sein, interessiert nur wenige. Wir arbeiten uns munter an den Pferden ab und denken, dass es wahnsinnig aufregend sei, wie wir da in eine schnelle Beziehung gegangen sind. Und wieder geht es nur um uns. Ob das Pferd dabei lernt, dass ständig neue Menschen ankommen, die kurze, stümperhafte Beziehungen an ihm ausprobieren und dann wieder verschwinden und es sich dabei benutzt fühlt, darüber denkt kaum einer nach. Schon wenn man einen Hund anstelle des Pferdes stellen würde und sich versucht vorzustellen, wie fremde Menschen sich daran versuchen, mit ihm Gassi zu gehen, sodass er sich dabei brav verhält, und wenn man es schafft, sei man eine gute Führungskraft, klingt das absurd. Noch weiter gesponnen wären Kinder, die man versucht, dazu zu bringen, der eigenen Führung zu vertrauen … als Bestätigung dessen, dass man gut darin ist. Ich lasse die Vergleiche lieber sein, es artet aus.

Ein Tier ist ein Individuum. Es hat Gedanken, Gefühle, Geschichten, Erlebnisse und Erinnerungen, es steckt in seinem Körper und bringt einfach alle Aspekte mit ins Leben, die wir als Säugetier-Menschen auch mitbringen. Es ist genauso komplex. Die Ameise so sehr wie der Elefant oder der Delfin so sehr wie das Pferd, der Hund und das Meerschweinchen. Ein Tier ist genauso Mittelpunkt seines Universums wie du und ich es in unserem sind. Es hat Berechtigungen und Veranlagungen, dass bestimmte Vorkommnisse in seinem

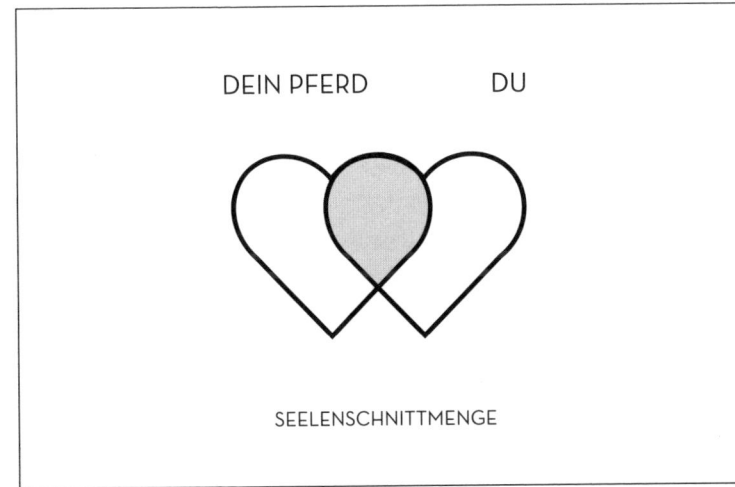

DEIN PFERD   DU

SEELENSCHNITTMENGE

Leben zu bewältigen oder zu durchleben sind. Ein Hund, der Krebs bekommt, ist also niemals einfach nur ein Opfer deines Stresses! Er hat selbst die Veranlagung zu dieser tragischen Krankheit mitgebracht, in allen Facetten.

Warum also stellen wir trotzdem immer wieder fest, dass es direkte und offensichtliche Verbindungen gibt zwischen dem, was mein Tier zeigt, und dem, was bei mir los ist? Die Antwort ist einfach und liegt eigentlich auf der Hand, wenn man sein Tier liebt: Es geht um die Seelenschnittmenge.

Dein Tier und du, ihr habt euch gefunden.

Viele Menschen, denen ich in meiner Arbeit begegne, berichten sogar genau das: „Mein Tier hat mich ausgesucht und nicht umgekehrt." Ja, das hat es. Weil es in dir gesehen hat, dass du es verstehen wirst. Dass genau du derjenige bist, der seine Schwächen akzeptieren kann. Der seine Art versteht, der seine Macken nachvollziehen kann. Manchmal erledigen das auch höhere Kräfte, aber wenn mich meine Arbeit eins gelehrt hat, dann dies: Dass man zusammengefunden hat, hat immer den tieferen Sinn, das Leben gemeinsam besser meistern zu können. Ob das Gemeinsame nun anstrengend oder einfach nur leicht wird, ist dabei egal: Man hat sich, um voneinander zu lernen. Man lernt die Liebe. Und so lernt ihr – du UND dein Tier.

Du passt zu ihm, also kann es sein Leben einfacher leben, denn gemeinsam ist man stark. Ihr habt eine Seelenschnittmenge. Und je größer sie ist, umso synchronisierter verlaufen eure Leben gemeinsam. Und manchmal ist es dann so, dass ihr alle beide den ganzen Winter hustet, so wie meine Pferde und ich vor ein paar Jahren. Aber einer von uns lebt das Thema am meisten aus, was damit verknüpft ist, weil das Thema in seinem Leben am größten ist, aber wir alle drei haben es.

Oder, dass ihr alle beide menschenscheue, hypersensible Typen seid, die sich nichts sagen lassen, so wie mein früherer Hund Merlin und ich. Trotzdem darf dabei nie vergessen werden, dass dieser Hund eben eine Vorgeschichte hatte, die ihn zu dem machte, der er war. Gepaart mit dem, was seine Seele und sein Körper mit in dieses Leben gebracht haben, war er genau der Hund, der sein Leben 12 Jahre lang mit mir teilte. Der Weg mit mir hat noch viel dazugetan und auf diesem Weg haben wir uns noch mehr aneinander angeglichen, weil es uns beiden half. Ich habe meine Arbeit und meine Wohnsituation immer an seine Bedürfnisse angepasst und ganz nebenbei habe ich damit das größte Geschenk meines Lebens erhalten: Ich habe seinetwegen gelernt, mit Tieren zu sprechen, und mit all dem, wie ich lebe und arbeite, schlussendlich auch mein eigenes Bedürfnis nach Abgeschiedenheit, Ruhe und Nähe zu ihm bedient. Weil uns so viel verbindet. Und dennoch durfte er sein eigenes Leben leben und nur, weil er Menschen mal biss, die in seinen Augen bedrohlich wirkten, tat ich es nicht auch. Oder zumindest nicht so heftig, ich schnappe nur. Denn meine Vorgeschichte aus diesem Leben ist nicht ganz so dramatisch wie seine. Und doch reichte sie, um sein Verhalten zu verstehen, für mich selbst daraus zu lernen und damit leben zu können. Weil wir eine sehr große Seelenschnittmenge hatten, die manchmal absurd synchrone Vorkommnisse in unser Leben brachte. So wie dass wir gleichzeitig tief durchatmeten. Selbst dann noch, als er längst zu taub war, um meinen Atem zu hören. Weil wir zutiefst verbunden waren. Deshalb lebten wir manches gemeinsam aus. Nicht er für mich, nicht ich für ihn. Sondern WIR für UNS!

Man kann uns nicht mehr teilen.

Wir gehörten zusammen und agierten zusammen. Es war nicht nur ich, die an ihrem Schreibtisch saß und Tiergespräche führte, er lag daneben und machte mit. Er hechelte, weil wir uns anstrengten. Wir waren wie ein Wesen mit vier Armen, und jeder Arm konnte helfen, alles zu meistern. Der eine Arm kümmerte sich darum, dass hier Ruhe herrschte, der andere holte schon mal das Futter. Und so war für uns gesorgt.

Unsere Körper und unsere Idee vom Menschsein gaukeln uns Abgrenzung vor. Und so kommt es, dass, wenn diese Synchronität mit unseren Tieren passiert, wir sie uns erst einmal nur so erklären können: Das Tier muss mich abgegrenzten Menschen irgendwie widerspiegeln. Immer, wenn dir dieser Gedanke kommt, dann denke an die Seelenschnittmenge und wisse: Es gibt einen gewissen Bereich, in dem nicht mehr wichtig ist, wer es mitgebracht hat, denn es gehört zur gemeinsamen Lebensmasse. Niemand hat „Schuld" und beide können daran arbeiten und damit leben und lernen. Dem einen schadet oder hilft es genauso viel wie dem anderen. Weil wir verbunden sind, über Raum, Zeit und Logik hinweg.

Wenn man das versteht, dann wird auch dieser letzte Aspekt logisch, den ich nun noch einmal darlegen möchte: Übertriebene Selbstkritik ist unangemessen! Wenn du immer versuchst, es deinem Pferd bloß recht zu machen. Wenn du den Fehler immer bei dir selbst suchst. Wenn du immer nur in den Spiegel zu blicken versuchst, wird dein Pferd nicht glücklich sein. Warum? Denke an die Seelenschnittmenge – weil du es auch nicht bist! Weil es nicht nur dich, sondern immer nur euch beide gibt! Es nützt nichts, deinem Pferd alle möglichen, aufwändigen Behandlungen zukommen zu lassen, wenn es krank ist, während du dabei seelisch am Stock gehst und körperlich aus dem letzten Loch pfeifst! Es hilft dem Pferd nicht, wenn du dir nicht erlaubst, du selbst zu sein, mit deinen Schwächen und Tiefen, Stärken und Höhenflügen, nur um zu funktionieren. Es möchte dich so, wie du bist. Weil es nur dann auch so sein darf, wie es ist! Und nur das macht glücklich.

Das größte Geschenk in einer Beziehung ist, wenn einen das Gegenüber dazu befähigt, voll und ganz man selbst sein zu dürfen. Du kennst das Gefühl aus jeder guten Partnerschaft: Man darf mal schwach, mal blöd, mal zickig, mal stark, mal übertrieben gut gelaunt oder ganz anders sein, als man sich der Welt täglich zeigt. Das schafft eine echte Bindung, weil man sich zusammen nicht mehr verstellen muss. Weil man dann alles zusammen meistert und sich die Kräfte potenzieren. Weil man voneinander und miteinander lernt, in absoluter Vereinigung. Das ist wahre Liebe. Und die braucht keinen Spiegel, die sieht auch ein Blinder.

KAPITEL 16
GEMEINSAME ENERGIEN

Meine Stute Mouna und ich sind sehr verbunden. So sehr, dass sie mir gedanklich immer auf den Zehenspitzen steht. Wir haben so viel gemeinsam, sind uns so ähnlich, dass es manchmal störend ist, weil wir uns dann nicht so gut ergänzen. Andererseits ist es ein Segen, denn es ist, als hätte ich ein Leben in zwei Körpern. Wir leben Dinge füreinander aus, die wir dann in unserer Seelenschnittmenge miteinander teilen, sodass die andere fast so viel davon hat, als würde sie es selbst erlebt haben. Mouna und ich sind beide sehr mütterliche und souveräne Wesen, die gut Verantwortung für andere übernehmen können, aber tatsächlich wenig Lust dazu haben.

Wir möchten beide nicht für andere eingespannt werden, bestehen beide sehr auf unserem Individualraum und haben beide ein großes Bedürfnis nach Freiheit und Selbstbestimmtheit. Für mich bedeutet das in meinem Menschenleben, dass ich keine Kinder haben möchte. Mouna aber ist sehr, sehr gern Pferdemutter, weil sie kaum so viel und so lange Verantwortung für ein schnell wachsendes, selbstständigeres Pferdebaby tragen muss, wie ich es für ein Menschenbaby müsste.

Und so macht sie das für uns, das Muttersein. Sie hat es sich so sehr gewünscht, es war ihr größter Wunsch. Mein Kinderwunsch ist nicht existent, allerdings habe ich einen SEHR großen Tierkinderwunsch. Ich liebe Tierbabys, wer tut das nicht?! Und auch ein eigenes Fohlen, welches nah bei mir aufwächst, war schon mindestens 20 Jahre lang mein Wunsch.

Nichts lag also näher, als meine Mutterschaft mit Mouna zu teilen. Und so ist Makani auch mein Baby, auch mein Fohlen und so war ich eben auch ein bisschen mit Mutter. Nicht zuletzt trage ich als „Pferde-mutter" ja sowieso ein ganzes Pferdeleben lang die Verantwortung zum größten Teil mit. Dabei einmal das Leben vom ersten Bestehen an zu begleiten, dass erfüllt mein Mutterherz nur zu sehr. Es macht mich so glücklich. Auch zu sehen, dass Mouna genau die Art Mutter ist, die ich auch gewesen wäre. Sie ist unverrückbar, selbstsicher, selbstverständlich, unaufgeregt, aber sehr verbunden. Sie ist für-sorglich, selbstlos, liebevoll über alle Maßen. Aber auch völlig un-beeindruckt, wenn ihr Fohlen eigene Lebenserfahrungen macht, die ihre mütterliche Kontrolle nicht unbedingt erforderlich machen. Sie bekommt den Spagat zwischen Loslassen und Bemuttern perfekt hin und sie ist sogar sehr froh und dankbar, dass ihr Mann Milan ihr den größten Teil der Kinderbetreuung abnimmt. Da schwinge ich total mit. Und freue mich, es erleben zu dürfen, ohne es selbst leben zu müssen.

Dass ich die Verbundenheit, die Seelenschnittmenge und die Ebene zwischen Mouna und mir so gut verstanden habe und so leben kann wie heute, das war ein langer Weg. Jahrelang habe ich mich bemüht, „das Richtige" für Mouna und mich zu machen. Ich lebte mit der Idee, mit Pferden müsse man etwas „machen". So sieht man es überall, und niemand hat ja ein Pferd, um es nur auf der Wiese stehen zu haben. Und so habe ich mich dabei verausgabt, heraus-zufinden, welcher Weg für Mouna der Richtige ist. Wir hatten neben der Geschichte mit dem Reiten auch am Boden unsere Probleme. Zwar nicht die klassischen, welche in Form von Ungehorsam oder gefährlichen Abwehrreaktionen des Pferdes daherkommen. Ich hatte ganz andere Sorgen. Mouna war früher so introvertiert, dass sie regelrecht herunterfahren konnte und dann energetisch nur noch minimal anwesend war. Sie war dann wie abgeschaltet. Langsam, kaum zu motivieren, phlegmatisch, traurig dreinschauend.

Ich dachte, mein Job sei es, sie da rauszuholen, indem ich sie motivierte. Ich dachte, wenn wir behutsame Bodenarbeit nach Tellington oder auch freies Spielen und Longieren üben, würde es ihr schon bald besser gehen und wir hätten gemeinsam Spaß. Aber was ich auch tat: Mouna blieb in sich. Sie schleppte sich nur so über den Platz, wehrte sich auch nicht. Einmal sprang sie sogar aus dem Stand über die Absperrung des Reitplatzes. Die war hoch und Mouna HASST springen. Will man sie freundlich über ein Cavaletti überreden, rennt sie garantiert absichtlich die Stangen um. Sie springt nur, wenn sie einen Sinn darin sieht, weil es auf der anderen Seite des Zauns etwas gibt, was sie will. Und das habe ich auch nur zwei Mal erlebt in den 11 Jahren, die ich sie habe.

Das eine Mal war ein Sprung über die Reitplatzabsperrung, aus dem Stand, ohne sich ansatzweise vorher aufgeregt zu haben. Einfach aus einer völlig durchdachten und logischen Kopfentscheidung heraus: „Ich finde es sch... hier auf dem Reitplatz mit dem, was wir hier machen. Ich gehe!" Und das andere Mal war, als sie, hochträchtig, fand, das Gras auf der anderen Seite des Gartenzauns wäre noch fetter. Sie meinte es damals also ernst, von mir und meinen kläglichen Arbeitsversuchen wegzukommen, obwohl ich in dem Moment am anderen Ende des Reitplatzes stand. Aus heutiger Sicht gebe ich ihr absolut recht: Auch ich hatte überhaupt keinen Spaß bei diesen Dingen. Auch ich fühlte mich bedrückt, traurig und unmotiviert, wenn wir da so standen. Auch ich war wirklich nicht voller Energie, um nun ein lustiges Spiel mit ihr vom Zaun zu brechen. Eigentlich wollte ich sie immer nur umarmen, kraulen, füttern, mit ihr in die Sonne schauen und sonst nichts tun. Heute weiß ich zum einen: Das wäre genau das Richtige gewesen! Denn Mouna brauchte unbedingt Zeit, um sich von ihrer traumatischen Vergangenheit und ihren körperlichen und energetischen Defiziten zu erholen und neu aufzubauen. Zweitens war es Mouna, die diese Unmotiviertheit und Trauer immer mit auf den Platz brachte. Hätte ich das vorher mal ganzheitlich erkannt, hätte ich uns so viel erspart. Aber ich war auf dem Trip unterwegs, dass es an mir liegen müsse. Dass alles immer an mir liegt. Dass ich böser Mensch mit meinen ganzen Intentionen, was ein Pferd muss, bloß immer diejenige bin, die es falsch macht. Und dass es ergo also auch an mir läge, das zu ändern. Das ist es, was ich oben mit der Opferhaltung meinte.

Man verausgabt sich selbst so sehr und denkt, es läge an einem selbst, dass das Pferd nicht macht, was es soll. Man ist nicht gut genug, man macht es falsch. Ich bin schuld, ich bin das Opfer meiner Selbst, so kann es ja nie klappen. Aber so ist es eben nicht immer, weil wir einander nicht einfach nur spiegeln. Das verstand ich erst, und dafür aber mit einem absoluten Aha-Moment, als Milan zu uns kam. Denn auf einmal fruchtete das, was ich auf dem Reiplatz anstellte. Milan liebt freies Spielen, er rennt gern und ließ sich nicht zweimal bitten, in Bewegung zu kommen oder anderen Quatsch mit mir zu veranstalten. Da wusste ich: Es ist nicht meine Energie, die falsch ist, und dass mir so die Luft rausgeht, sobald ich mit Mouna auf dem Platz stehe, liegt nicht an mir, sondern es ist bedingt durch ihren Zustand. Ich habe sie dabei einfach eins zu eins gespürt.

Diesen damaligen Zustand kann ich wiederum auch so sehr gut nachvollziehen. Denn auch ich bin Meisterin im introvertierten Verhalten und kenne mich aus mit körperlichen und energetischen Mangelzuständen. Auch ich habe früher oft traurig in die Welt geblickt und lieber Interaktionen vermieden, als aus mir herauszugehen und in Kontakt zu kommen. Da haben wir unsere Seelenschnittmenge, und es war wichtig für mich, von Mouna zu lernen, diesen Anteil in ihr, dann in mir und letztendlich in uns anzuerkennen, damit man ihn heilen lassen kann. Heute ist davon bei ihr nichts mehr übrig, bei mir sind nur noch Reste vorhanden.

Bis heute ist Mouna jedoch wahrlich kein Fan davon, etwas zu „machen". Sie verabscheut es geradezu, als Pferd auf dem Reitplatz zu etwas bewegt zu werden. Zwar hat sie in den vergangenen Jahren immer mal mir zuliebe und aus eigener Freude etwas mit mir gespielt und sich auch mal reiten lassen, aber ihre grundsätzliche Haltung dazu ist, dass sie nichts müssen möchte. Sie mag Training einfach nicht, hat keinen Spaß an Herausforderungen und Ausführungen. Sie glaubt, nichts lernen zu müssen und als Pferd schon so perfekt zu sein, wie sie ist. Mein jahrelanges Herumprobieren an ihr und unsere gemeinsamen Reitversuche sowie meine parallele Entwicklung als Tierkommunikatorin haben mich letztendlich in eine Haltung gebracht, der Mouna zum allergrößten Teil zustimmt. Wenn ich eine Freundschaft mit meinem Pferd möchte und es nicht nur als Sportgerät sehe, dann ergibt es Sinn, Dinge gemeinsam zu tun, die beiden Spaß machen. Und die Dinge zu lassen, die nur einem oder sogar keinem von uns wirklich Spaß machen.

Bei einem Pferd wie Mouna fällt dann sehr vieles von dem weg, was „normale Menschen" mit ihren Pferden unternehmen. Ich habe ein paar Jahre dafür gebraucht, um unsere Lebensumstände so zu verändern, dass wir beide die größtmögliche Freude an unserer Freundschaft und Verbundenheit ausleben können. Ich brauchte diese Jahre auch dafür, um immer und immer wieder von ihr und anderen Pferden zu hören, dass das, was unter uns Reitersleuten als „Training" oder gar „Gymnastizierung" betitelt wird, meistens so gar nicht das ist, was Pferde brauchen oder was ihnen guttun würde, körperlich und seelisch. Meine Sicht hat sich diesbezüglich Stück für Stück, beeinflusst einzig durch die unzähligen Pferdegespräche, drastisch gewandelt. In einem Ausmaß, dass ich heute eine dramatisch andere Sicht auf das habe, was mit Pferden gemacht wird – selbst, wenn es gut gemeint ist. Meistens kann ich das mit Abstand betrachten und bei mir bleiben, mich darüber freuen, dass mir täglich neue Menschen in meiner Arbeit begegnen, die bereit sind, ihren Horizont zu erweitern, indem sie ihren Pferden zuhören. Aber manchmal da werde ich noch wütend. Das ist unfair, denn die meisten Menschen agieren so, weil sie es einfach nicht besser wissen und man es ihnen jahrelang eingetrichtert hat, warum man wie mit Pferden umgeht. Für sie ist das der richtige Weg. Und dennoch. Manchmal platzt mir der Kragen.

KAPITEL 17
DER SCHEIN VON FREIHEIT

All das Gerede um die perfekte Harmonie zwischen Mensch und Pferd, die augenscheinlich bei den „Großen" demonstriert wird: Ich habe genug davon, berichtet zu bekommen, dass ein hochgepushter Parelli-Trainer sein Showpferd hinter den Kulissen zur Sau macht. Ich möchte in keinem vermeintlichen Freiarbeitsvideo einer supererfolgreichen „Liberty"-Trainerin die Sporen aufblitzen sehen, die sich regelmäßig ins Pferd bohren. Gut versteckt in ihren modischen Stiefeln eingearbeitet, überdeutlich zum Einsatz kommend. Kein Wunder, dass das Pferd alles machte, was sie verlangte – es wurde mit Schmerz bedroht. Denn ja, Sporen tun weh, ob du es willst oder nicht. Deshalb gibt es sie ja, ansonsten würde eine Ferse, ein Bein, eine Gewichtsverlagerung für eine feine Hilfe wohl reichen. Und wenn es sogar in Demonstrationsvideos so sichtbar ist, wie war dann wohl der Weg hin zu diesem Pferd, das ihr so hörig ist?

Ich bin es leid, selbst mit anzusehen, wie einer der berühmtesten dieser Trainer in seinem Kurs auf die Frage der Schülerin, wo sie denn mit der Gerte hinschlagen soll, damit das Pferd weicht, wörtlich antwortet: „Schlag egal wohin! Hauptsache, dein Pferd senkt den Kopf und entschuldigt sich, dass es da ist!" Ich möchte auch nie mehr mit ansehen, wie dieser große Mann der kleinen Frau neben ihrem Kaltblut dann zeigt, wie sie sich mit beiden Händen und voller Kraft ruckartig und rückwärts ins Seil werfen soll, nachdem ihr Pferd angetrabt ist, damit es lernt, sich ihr immer zuzuwenden. Und ihr vorher demonstriert, wie sie das Knotenhalfter tiefer schnallt, damit es mehr weh tut, wenn sie den Pferdekopf herumreißt. Weil sich damit der Druck auf das fragile Nasenbein erhöht.

Mir wird ganz anders, wenn selbst in den vermeintlichen Freiarbeitsgruppen bei Facebook ein Video einer bekannten Trainerin gezeigt wird, in dem von „Zauber" und „Freude" gesprochen wird, die Stute dann aber einfach nur an ihren ständig neue Lektionen abfragenden Menschen klebt, sichtlich gestresst, mit schlagendem Schweif und todunglücklichem Ausdruck.

Und wenn man darauf hinweist, gesagt bekommt, dass man nur die Lerntheorie nicht verstanden habe. Doch, habe ich: Es geht euch nicht ums Pferd. Sondern um euch. Dass das Pferd für euch tanzt wie ein russischer Tanzbär. Dass es gefälligst macht, was ihr sagt. Weil alles andere im menschlichen Ego nicht geduldet ist. Habe ich mir doch ein Pferd gekauft, damit ich endlich mal Herr über etwas bin. Und wenn 600 Kilogramm dann doch nicht machen, was ich will, was dann? Oh, da reitet jemand ganz frei über eine Wiese. Der muss wissen, wie es geht. Gehirn aus, Peitsche raus. Lernen, ohne Trense zu reiten, dafür aber dem Pferd rechts und links ins Gesicht wedeln mit der langen Gerte, es sogar regelmäßig damit treffen. Alles legitim. Hauptsache, es sieht gut aus.

Aber sieht es das wirklich? Sieht niemand dieser Menschen, dass ein Pferd, welches abspielt, was es gelernt hat, dies meistens ohne Freude tut? Haben diese Menschen mal in die Gesichter ihrer Pferde geschaut und wahrgenommen, wie sie sorgenvoll blicken, traurig, manchmal sogar geradezu geistesabwesend? Die Nüstern hochgezogen, die Lippen fest zusammengepresst. Wie seine angeblich tollen Bewegungsmomente dabei nur ein schwaches Abbild dessen sind, was es zeigt, wenn es frei und glücklich über die Koppel rennt, mit seinen Kumpels spielt oder sich dir stolz präsentiert, wenn man es lässt? Ist nicht klar, dass ein Pferd gelernt hat, dass es keine Wahl hat, als zu tun, was Mensch möchte? Wenn man es immer und immer und immer wieder darum bittet und es nervt, wird es lernen, dass es besser mitmacht. Weil es keine Sporen in den Rippen und keine Peitschen im Gesicht oder sonst wo haben möchte. Weil es immer nur versucht, den Weg des geringsten Widerstandes zu gehen, damit es ungeschoren aus der Sache herauskommt.

Ist dir klar, dass, auch wenn dein Pferd brav mitmacht, es vielleicht gar keine wirkliche Lust dazu hat, sondern bloß weiß, was du von ihm erwartest? Dass, selbst wenn ein Pferd etwas anbietet, es manchmal einfach der hilflose Versuch ist, das Richtige zu machen, um gelobt und in Ruhe gelassen zu werden? Und ist das wirklich das, was du Freundschaft nennst? Denk bitte darüber nach, wenn dir dein Pferd lieb ist. Vielleicht machst du vieles mit deinem Pferd auch nur, weil du es richtig machen willst. Weil du dich so sehr danach sehnst, dass dein Pferd dich mag und es mit dir eine schöne Zeit hat.

Bitte lass einmal kurz den Gedanken zu, dass wahre Freundschaft kein Training braucht. Dass Verbindung niemals über erzwungenes Verhalten passiert, sondern durch das Gegenteil: die Wahlfreiheit, sich jemandem anzuvertrauen. Sich zu entscheiden, mit ihm zusammen zu sein. Nicht mehr und nicht weniger, als das. Bitte beginne, dein Pferd zu fragen. Es loszulassen, es entscheiden zu lassen. Akzeptiere die Antwort, auch wenn das erst mal wehtun kann. Beweise ihm, dass du eigentlich auch nur willst, dass es für euch beide schön ist, indem du die Sachen machst, die dein Pferd wirklich mag. Mit dir zusammen Gras fressen gehen. Mit dir ausreiten oder spazieren gehen.

Sich putzen lassen und kraulen, gemeinsam in die Weite blicken und dösen. Sich gemeinsam entspannen und über den Moment freuen. Oder was auch immer ihr gern zusammen macht. Aber bitte, lass es nicht mehr dein Tanzbär sein. Es wird glücklicher, gesünder, gelöster sein. Es wird mehr Pferd sein als je zuvor. Es wird dir ewig dankbar sein und dir wahre Freundschaftsmomente schenken, bei denen die Lerntheoretiker mit offenen Mündern dastehen werden und dich fragen, wie das geht. Wenn du sie denn zusehen lässt, denn was dein Pferd wirklich braucht, bist nur du.

Ich weiß, die Angst vor einem unkontrollierten Pferd ist groß. Wenn 500 bis 600 Kilogramm selbst entscheiden, was zu tun ist, dann bekommen es viele Reiter, zu Recht, erst mal mit der Angst zu tun. Denn fast niemand hat einen Umgang mit Pferden gelernt, in dem man dem Pferd respektvoll gegenübertritt und es vielleicht fragt, ob es überhaupt Wert darauf legt, in so engem Kontakt mit dem Menschen zu gehen, der es nun reiten möchte. Uns wurde allen nur beigebracht, das Pferd zu dominieren. Es zu benutzen, ihm Equipment anzulegen und es dazu zu bringen, auszuführen, was wir uns vorstellen. Wenn man einen Moment darüber nachdenkt, wie absurd das ist, wird einem einiges klar.

Kein anderes unserer Tiere muss erdulden, dass sich jemand auf es setzt. Dass ihm Schnüre und Konstruktionen aus Holz, Leder und Metall an den Körper gebunden werden, um fügig gemacht zu werden, um kontrollierbar zu sein. Und sich dann auch noch genauso zu bewegen, wie der Mensch meint, es sei richtig. Das „Nein" dieser Pferde wurde schon so oft ungehört übergangen, dass, wenn sie dann die Reißleine ziehen, man es mit der Angst zu tun bekommen muss. Aber Kontrolle ist nicht die Lösung.

Würde man jemals auf die Idee kommen, einen Hund, der das gar nicht möchte, mit einem fremden Menschen loszuschicken? Würde man es tolerieren, dass der Hund in fremde Hände abgegeben wird, um trainiert zu werden, wenn der Hund vor diesem Trainer weglaufen möchte? Bei allen Haustieren haben wir besser gelernt, wahrzunehmen, wie sie etwas finden als beim Pferd. Und so nehmen wir es einfach nicht mehr wahr oder tun es ab, dass zirka 90 Prozent aller Reitpferde traurig, kaputt, müde und resigniert aussehen. Dass sie tiefe Kuhlen von den Sätteln auf ihren Rücken und vor Stress über ihren Augen haben. Denn es sehen ja fast alle so aus, also muss es richtig sein. „Das ist das Gesicht, das er macht, wenn er sich konzentriert!", hört man dann oft. Wirklich? Schau mal genau hin. Erstaunlicherweise können „Nicht-Pferdemenschen" meistens sehr treffsicher den Gesichtsausdruck eines Pferdes deuten.

Es ist nicht schwer, unsere menschliche Erkennung des emotionalen Zustands unseres Gegenübers funktioniert genauso gut beim Hund, Pferd, Affen. Alle, die eine Mimik haben, können sehr einfach gelesen werden. Wenn uns aber abtrainiert wurde, hinzusehen und wahrzunehmen, dann sehen wir es nicht mehr. Ein Pferd, das also nach jahrelangem Knechten das erste Mal die Wahl bekommt, ob es sich in diesem Moment überhaupt Kontakt zum Menschen wünscht, wird also vermutlich erst mal genau nachdenken müssen und braucht eventuell erst mal einen Moment Zeit – und wendet sich ab. Das zu ertragen, ist nicht einfach, und es braucht Mut, auf neuer Augenhöhe dem Pferd zu begegnen und sich ein echtes Feedback von ihm abzuholen. War man es doch bisher immer nur selbst, der dem Pferd Feedback geben durfte: „Gut gemacht – Nein, weiter. – Doch, wir gehen da lang. – Noch eine Runde, das war noch nicht sauber. – Nein, wir gehen jetzt Schritt. – Doch, der Sattel wird festgezogen. – Du bist zu faul. – Spring höher. – Mehr Gras darfst du jetzt nicht fressen. – Hör auf zu betteln. – Steh still." Und so weiter.

So haben wir es alle gelernt.

Vielleicht haben wir sogar gelernt, richtig laut zu werden, wenn ein Pferd sich mal anders entscheidet, als wir es wollen. Oder zu schlagen, zu treten, an seinem Kopf zu reißen oder ihm Metallsporen in die Seite zu hauen. Gesehen haben wir es zumindest alle mal. So etwas ist normal in der Pferdewelt. Immer noch! Für Kinder und selbst für Hunde gibt es schon die gesellschaftlich akzeptierte Meinung, dass solches Verhalten gegenüber diesen Wesen nicht tolerierbar ist. Bei Pferden aber wird Gewalt in vielen Kreisen nach wie vor verherrlicht. Wieso ist das bloß so?

Ich kann es mir nur immer wieder damit erklären, dass die Sportart Reiten viel mit Macht zu tun hat. Macht, die man sonst im Leben so nicht erreicht. Niemand macht ausschließlich, was man sagt. Niemand kann so dominiert werden wie das Pferd. Endlich darf man das mal, legitim, sich über jemanden stellen und komplett über ihn verfügen. Für einen gewissen Schlag Menschen ist das anscheinend anziehend. Wenn dieses große, schöne Tier dann auch noch nach des Menschen Pfeife tanzt und man dafür Anerkennung erntet, ist das menschliche Ego endlich zufrieden und muss sich mit der eigentlich eigenen Kleinheit nicht mehr auseinandersetzen. All jene Menschen, die zu diesem Schlag aber nicht gehören, handeln vermutlich einfach aus Angst. Aus der Angst, dass sich dieses große Tier gegen einen wenden kann oder dass andere einen als unfähig abstempeln. Und man auf einmal keine schöne Zeit mehr miteinander erleben kann, weil es lebensgefährlich wird. Also tut man besser, was andere Pferdemenschen sagen. Und die aus dem erstgenannten Schlag sind meistens die lautesten – sie müssen es ja wissen.

Doch es gibt einen Weg, daraus auszusteigen. Wer bereits ein Pferd in sein Leben gelassen hat, welches ihm die konventionellen Wege durchkreuzt, findet sich früher oder später bei der Frage wieder, was er falsch gemacht hat. Oder was er anders machen kann. Das ist der Beginn einer anderen Ebene des Zusammenseins mit dem Pferd. Es ist der Beginn einer echten Freundschaft.

Eigentlich wünschen wir uns das doch alle. Meine Lieblingsserie als Kind war „Fury". Der Junge ruft im Vorspann sein Pferd und dieser schwarze Mustang kommt über die Hügel galoppiert, zu seinem Menschen, lässt ihn aufsteigen und dann galoppieren beide zusammen durch die Landschaft. Der Pferdetraum schlechthin! Aber wir kennen keinen anderen Weg dorthin als den, das Pferd so gut wie möglich zu trainieren, zu dominieren und ihm genau vorzugeben, was man von ihm will. Und damit kommen nur einige von uns dahin, ansatzweise freudig und in der vollen Pferdekraft das Leben gemeinsam zu genießen. Die meisten krempeln verspannt auf den Reitplätzen herum und müssen ihre Pferde antreiben oder mit Leckerlis zu Kunststücken überreden. Die meisten haben Angst, ihr Pferd mal wirklich laufen zu lassen. Die meisten haben Angst davor, wenn ihr Pferd nur mal so richtig tief durchatmet oder anzeigt, dass etwas sein Gemüt erregt. Weil das bedeutet, dass es nun vielleicht mal seine Kraft herausholt. Das sind wir nicht gewohnt. Die abgeschalteten, armen Pferde, die auf kleinen Quadraten vor sich hindämmern und dann innerlich tot ihre Kreise durch Hallen ziehen, haben längst gelernt, dass es besser ist, ihre Kraft nie zu zeigen. Sich nie wirklich zu freuen, außer wenn sie endlich in Ruhe gelassen werden. Manche von ihnen nicht mal mehr dann, weil sie nur noch ein Schatten ihrer selbst sind.

Ein gut dressiertes Pferd ist nicht gleich ein glückliches Pferd. Ganz egal, wie „leicht" die perfekt einstudierte Kür dann aussieht. Nur weil ein Pferd gut darin ist, sich sagen zu lassen, was zu tun ist, tut es das noch lange nicht gern. Auch unter Pferden gibt es Typen. Manche sind gute Leistungssportler. Andere sind gute Denker, wieder andere sind Meister im Ausführen. Sie haben den „will to please". So wie ein Border Collie, der im Agility-Parcours immer Erster sein wird. Aber nicht, weil es ihm unbedingt so Spaß macht, sondern manchmal einfach, weil er wahnhaft darin ist, Aufgaben auszuführen. Wieder und wieder. Viele solcher Hunde stehen dabei unter massivem Stress und brauchen es, dass man sie zur Ruhe nötigt, damit sie endlich mal runterkommen. Auch bei Pferden gibt es solche Typen und meistens sieht man die dann scheinbar frei durch den Ring der großen Hallen galoppieren und sich auf dem Boden wälzen, während ihr Mensch über ihnen steht und grinsend die Vorderhufe in den Händen hält. Natürlich gibt es auch einige wenige Pferde, die das wirklich toll finden. Hast du so eins? Vermutlich nicht, eben, weil es wenige sind ... die anderen sind einfach nur sehr deutlich, wiederholt und ausgeklügelt überredet worden und sind von Natur aus keine Kämpfer, die ihre Meinung kundtun würden. Sie führen aus.

Ausführung ist nichts, was ich mir von meinem besten Freund wünsche. Ich wünsche mir Harmonie. So etwas lässt sich aber nicht durch Vorgaben, Kommandos und Trainingstricks erreichen.

Im besten Fall wird das Pferd sich anfangs noch freuen, es richtig für mich zu machen, dann wird ihm aber bald langweilig und es fragt sich, wieso es schon wieder nur ausführen muss, was ich mir so vorstelle. Es fühlt sich schikaniert. Das ist es, was mir sehr viele Pferde in den Pferdegesprächen berichten. Sie wünschen sich, dass ihre Menschen weniger „machen" und einfach mehr da sind, genießen und ihr Pferd mal wahrnehmen. Mal zuhören, anstatt vorzugeben. Mal gemeinsam die Nase in den Wind strecken und in die Weite schauen. Mal einfach das meditative Kauen gemeinsam zu erleben, wenn das Pferd grast. Mal den Vögeln zu lauschen oder zusammen zur Ruhe zu kommen. Oder eben auch gemeinsam neues Land zu entdecken, gemeinsam durch die Natur zu ziehen und sich dabei lebendig zu fühlen. So wie ein Wildpferd es machen würde mit seinen liebsten Herdenmitgliedern. Denn das sind wir für sie. Ob wir das glauben wollen oder nicht.

Es ist lächerlich, wie viele angebliche Pferdesprachtechniken uns vorgeben, uns zu gebärden wie Pferde oder Raubtiere oder Alphatiere. Ein Pferd weiß genau, wer du bist: ein Mensch! Sein Mensch. Du bist eines der allerwichtigsten Mitglieder seiner Herde. Einfach so, als Mensch. Du brauchst dich nicht verkrampft und unauthentisch in eine bestimmte Haltung zu begeben, um deinem Pferd sonst was zu signalisieren. Du wirst am besten akzeptiert und am meisten für voll genommen, wenn du dich traust, du selbst zu sein. Ein Pferd weiß immer, wenn du dich verstellst. Das ist wenigstens ein Fakt, den das Gros der Pferdewelt verstanden zu haben scheint. Also sei einfach du selbst. Und ehrlich deinem Pferd gegenüber. Entschuldige dich, wenn du in der Vergangenheit unfair zu ihm warst. Freu dich, wenn du es siehst. Quietsche wie ein kleines Kind, wenn du es süß findest. Sei einfach so, wie es dich selbst glücklich macht, mit deinem Pferd zu sein. Du wirst dich wundern, wie schnell es sich dir zuwendet und fast schon hörbar ruft: „NA ENDLICH!!! DA BIST DU JA!" Und trau dich wahrzunehmen, was es zu dir sagt. Das wird der Beginn eurer wahren Freundschaft sein.

Wohin ich auch sehe – die echte Verbindung, die echte Kommunikation auf Vertrauensbasis bleibt selten. Die, in der beide froh sind. Keiner den anderen dominieren oder drangsalieren muss. Und interessanterweise findet sich diese echte Verbindung eben nicht bei den tollsten Trainern oder bei den erfolgreichsten Tricksern. Sondern bei den leisen Menschen, die ihr Pferd haben, weil sie es lieben. Nicht, weil sie es vorführen wollen. Diese Menschen finde ich in meiner Arbeit in allen Sparten des Reitens. Es gibt sie mit Sattel oder ohne, im Sportstall oder hinterm Haus. Sie sind fast nie extrovertiert oder fragen Dinge wie: „Wieso macht mein Pferd nicht dies und das mit mir?", sondern sie stellen mir Fragen wie: „Mag mich mein Pferd? Was kann ich tun, damit es ihm noch besser geht? Mag es geritten werden?" Auf die letzte Frage ist die Antwort bei den Pferden dieser Menschen meistens ein „Ja".

Es gibt sehr viele Pferde, die gern geritten werde. Manche, weil sie nie eine Wahl hatten, weil Reiten für diese Pferde immer schon Pflicht in ihrer Welt war. Sie haben es dann angenommen und auch gelernt und möchten es nun nicht mehr missen. Viele Pferde definieren sich darüber, was sie leisten und wie wichtig und gut sie als Reitpferd für ihren Menschen sind. Sie genießen das Reiten ähnlich, wie wir es tun, sie freuen sich über gute Bewegungen, Lektionen und Fortschritte. Andere Pferde werden einfach gern geritten, weil sie den Vorteil daran verstanden haben: Mit meinem Menschen auf dem Rücken kann ich schneller und weiter laufen, als wenn er neben mir geht. Wir können gemeinsame Abenteuer erleben und ich kann mich mal außerhalb der Zäune so richtig bewegen. Und wieder andere schätzen diese innige Verbundenheit mit dem Menschen auf sich, tragen ihren kleinen Menschen aus Freundschaft und Liebe gern durch die Welt, um ihn zu stützen und für ihn da zu sein. Ein paar von ihnen sind echte Sportlernaturen und genießen sogar solche Dinge wie Turniere, die mich als Pferd eher abschrecken würden.

KAPITEL 18

DIE ERWARTUNGSHALTUNG

Alle Pferde, die gern geritten werden, wurden eingeritten auf die eine oder andere Art und Weise. Die meisten der heutigen Reitpferde werden viel zu früh und auch viel zu schnell und viel zu hart eingeritten. Fast nie wurden Pferde gefragt, ob und wie sie das Gerittenwerden lernen wollen.

Denn Pferde werden selten angeschafft, weil man sich einfach an ihrer Anwesenheit oder an ihrem Anblick erfreut. Die Idee, dass ein Pferd erst mal nur ein Pferd ist und sich alles Weitere gemeinsam mit dem Menschen entwickelt, wird belächelt oder wurde nie erwähnt. Das Pferd ist zum Reiten da. Es steckt eine gewisse Erwartungshaltung dahinter, die mehr oder weniger hohe Ansprüche an das Pferd stellt. Die Erwartungshaltung gegenüber einem Wesen ist meistens aber der erste Schritt zum Verhindern einer echten Freundschaft.

Es kann schon etwas Simples sein wie „ein Pferd muss in den Hänger gehen können, sich von Fremden führen lassen und sich gefallen lassen, überall am Körper von egal wem berührt zu werden".

Den meisten Pferden aber wird eine größere Erwartung entgegengebracht. „Das Pferd muss gymnastiziert, geritten, longiert werden. Es muss Bodenarbeit ausführen." Das sind in unseren Augen normale Ansprüche an Pferde.

Schauen wir uns das mal etwas genauer an, wird es etwas absurd. Gymnastizieren bedeutet, dass wir meinen, zu wissen, wie dieser Pferdekörper bestmöglich zu bewegen wäre. Als wären wir zertifizierte Physiotherapeuten für eine komplett andere Spezies. Wer schon einmal beim guten Physiotherapeuten oder auch Trainer war, der weiß, dass die Ideen und Ansätze meist gut sind, die Ausführung der Übungen zu Hause oder allein für Normalsterbliche meistens aber schwierig umzusetzen oder gar wenig hilfreich ist. Und das, obwohl wir genau sagen konnten, was uns wie wehtut und wie wir uns bewegen können und wollen und wie nicht. Was uns gefühlt guttut und was nicht. Dabei sitzt nicht mal jemand mit einem Zehntel unseres Körpergewichts auf unserem Rücken, schnürt uns mit Metall, Leder und Holz ein, um uns in eine spezielle Haltung zu bringen. Für Pferde aber wird die Fremdbestimmung der körperlichen Bewegung als normaler, gesunder Fakt gesehen und daraus abgeleitet, es wäre körperlich für das Pferd gesund, immer nur noch mehr davon zu machen. Doch wenn man sich mit effektivem Training auseinandersetzt, wird schnell klar: Ein gesunder Körper wird eben nicht von außen nach innen modelliert, sondern anders herum. Ein Körper muss selbst lernen, sich zu tragen. Und das nicht durch Druck, sondern durch Abwesenheit von Druck, also durch Raum, sich selbst ausprobieren zu können. Um dann die perfekte, gesunde Mitte der Bewegung selbst zu finden und sich zu merken. Die Einwirkungen und das „In-Haltung-Zwingen" des Menschen ist also kontraproduktiv für die Gesunderhaltung des Pferdekörpers.

Doch das ist es, was wir von unseren Pferden und ihren Körpern erwarten. Wir benutzen sie ungefragt nicht nur auf diese Weise, sondern haben dazu die hochmütige Einstellung, dass ihnen das auch noch guttun würde. Obwohl fast niemand, der sein Pferd „gymnastiziert", tatsächlich Ahnung hat, wie ein Pferdekörper wirklich agiert, funktioniert, fühlt und sich unter Belastung verändert. Es fängt schon damit an, dass sogar unter den angeblichen Fachleuten auf diesem Gebiet fast alle einen blinden Fleck auf der Sattellage der Pferde haben. Dort, wo man diesen „unsichtbaren Sattel" liegen sieht, gehören eigentlich Muskeln hin, die vom starren Sattelbaum weggedrückt wurden. Muskelatrophie nennt sich das. Soll das wirklich eine gute Gymnastizierung sein oder ist es möglich, dass die Idee eines angespannten Reiters, der mittels Kraft und Schnüren das Pferd in eine Haltung zwingt, der absolute Holzweg ist? Ist es vielleicht möglich, dass diese Art des Reitens vor allem einem guttut: dem Macht ausübenden Menschen, der weder wahrnimmt, ob das Pferd überhaupt Lust hat, eine halbe Stunde in einer dunklen, öden Halle Kreise zu ziehen, noch, wie es sich dabei fühlt, seelisch und körperlich?

Der absolute Großteil der von mir gesprochenen Pferde war nicht der Meinung, beim anspruchsvollen Reiten „gymnastiziert" zu werden. Im Gegenteil. Die allermeisten haben dabei Schmerzen und benutzen genau die falschen Muskeln. Hierbei gibt es auch keinen Unterschied zwischen Sport und Freizeit.

Man stelle sich das mal so vor: Ich möchte joggen gehen. Mein Trainer meint, dass ich dabei aber meine Schultern weiter zurücknehmen müsste. Also setzt er mir ein Ledergeschirr auf, welches meinen Kopf und meinen Hals in die richtige Form ziehen wird, während ich laufe. Es verhindert sogar, dass ich mich frei bewegen kann, so wie ich es tun würde. Gleichzeitig schnallt er mir einen Rucksack auf mit zirka 10 Kilo Gewicht darin. Der Rucksack hat ein Holzgerüst, welches an meine Rückenform „angepasst" wurde, wenn ich stehe. Ich laufe los. Schon nach ungefähr 10 Minuten spüre ich deutlich: Das Holzgerüst meines Rucksacks tut mir weh, das Gewicht darin lässt Druckstellen auf meinem Rücken entstehen, auch durch die Polster hindurch. Wie sollte es das auch nicht, denn meine sich bewegende Rückenmuskulatur KANN ja gar nicht anders, als von dem starren Gerüst gedrückt zu werden. Dass mein Hals und mein Kopf und meine Schultern schon schmerzen, ist klar. Selbst wenn mein Trainer meint, das wäre die richtige Haltung für mich, so eingeschnürt benutze ich genau die falschen Muskeln, um dem Zug entgegenzuwirken. Sonst kann ich gar nicht laufen, denn meine alten Bewegungsmuster hatten keine Chance, sich neu zu orientieren.

So geht es Pferden, die mit angenommenen Zügeln, normalen Sätteln und beliebig hinzugefügten Hilfsmitteln geritten werden. Nur haben sie noch einen meist schlecht trainierten Körper mit wenig Körpergefühl auf sich, der beliebig an ihnen herumzerrt und ihnen in den Rücken fällt. Oder einen, der genau weiß, was er tut, und der sie geschickt und mit Kraft immer weiter treibt.

Eine andere „Pferde-Arbeit" ist das Longieren: Hier wird das Pferd immer im Kreis geschickt und dabei an einer langen Leine gehalten. Meist wird es auch dabei zusammengeschnürt. Ich kenne kein Pferd, das das toll findet. Einige finden es gerade so akzeptabel, wenn es keine besseren, freien Bewegungsmöglichkeiten gibt und es nicht zu lange geht. Manche finden es im besten Fall meditativ, aber wenige. Auch Pferden wird schwindelig, auch Pferde finden ewiges Im-Kreis-Laufen blöd. Vor allem, wenn dabei eine schwere Leine an ihrem Kopf hängt. Auch das gymnastiziert nicht, es regt nur dazu an, das Gewicht der Leine und die ewige Kurve durch Gegenhalten der Muskeln auszugleichen.

Wer jetzt ein schlechtes Gewissen bekommt und denkt: „Also mein Sattel ist zumindest angepasst, hat 8 000 Euro gekostet und passt wirklich gut, da waren schon fünf gute Sattler dran und die haben das alle gesagt", dem sei gesagt: 90 Prozent der Sättel tun den Pferden weh. Ganz egal, wie teuer sie waren oder was der Sattler sagt.

Und auch das ist einfach zu sehen. Ein Pferderücken sieht normalerweise so aus wie unser Rücken. Er hat eine zwischen zwei Muskelsträngen eingebettete Wirbelsäule. Keine, die hervorsteht. Er hat auch keine Kuhlen dort, wo der Sattel sonst liegt, hinter den Schultern. Pferde kommen tatsächlich nicht mit diesem sichtbaren Sattelabdruck auf die Welt, den wir so gewöhnt sind, zu sehen. Ein Pferderücken hat eigentlich keine atrophierten Muskeln hinter den Schultern. Nicht mal ansatzweise! Das hat der Sattel gemacht. Er hat die Muskeln sich rückbilden lassen durch ständigen Druck.

Wie sehr das wehtut und wo das hinführt, das kann man sich ausmalen. Fast alle Pferde, die geritten werden und die ich spreche, haben Rückenschmerzen. Manche mehr, manche weniger. Vielen verursachen die Rückenschmerzen auch weitere Beschwerden in den Beinen, dem Hals, dem Kopf.

Wie kommen wir bloß darauf, dass ein Tier einfach so mit einem Sechstel seines Gewichts belastet werden darf? Zu unserem Spaß und angeblich noch zur eigenen Gesunderhaltung. Ohne uns dabei bewusst zu machen, was mit bloßem Auge erkennbar ist.

Und so „gymnastizieren" wir. Oder noch schlimmer: lassen andere das Pferd gymnastizieren. Weil wir selbst ja nicht gut genug sind. Die anderen wissen noch besser, wie sie das Pferd dazu kriegen, sich kaputt zu bewegen. Sie werden dafür sogar bezahlt. Noch kein Pferd hat jemals in einem Tiergespräch zu mir gesagt: Ja, bitte lass den Bereiter mich drei Mal die Woche gymnastizieren, er macht es so gut. Danach fühle ich mich gut trainiert. Manche nehmen Bereiter in Kauf, um sich überhaupt bewegen zu können. Aber keins bestätigte den Sinn darin, den Pferdebesitzer dabei erhoffen.

Die meisten Pferde sagen: Wenn jemand reitet, dann bitte du. Ich weiß, du hast mich lieb und ich möchte mit dir in Kontakt gehen und eine Einheit werden, wenn wir reiten. Ich spüre dich und deinen Körper, ich weiß, was du denkst und fühlst beim Reiten. Ich spüre deinen Atem. Ich möchte mit dir rausgehen und frei galoppieren. Ich möchte die Landschaft sehen und einfach Spaß haben. Ich möchte dich tragen, weil ich dich liebe und es toll ist, wenn du mit mir zusammen bist. Ich möchte dir zeigen, wie es sich anfühlt, all meine Kraft zusammenzunehmen und zu rennen. Du und ich, wir sind dann eins. Du, mit dem ich gern reite, solltest auch derjenige sein, der die komplette Verantwortung über mich hat. Und der für mich entscheiden kann, wenn ich etwas anders brauche.

Das ist es, was so viele Pferde sich wünschen. Und ganz ehrlich: Wir wünschen es uns auch! Wir wünschen uns alle, dass unser Pferd freudig zu uns gerannt kommt, wenn wir es rufen. Wir möchten ihm vertrauen und gelassen auf ihm durch den Wind getragen werden. Das ist der Grund, warum wir Pferde lieben. Sie können uns teilhaben lassen an grenzenloser Freiheit und Wildheit. Etwas, das den meisten Menschen längst verloren gegangen ist.

Ja, es gibt sie. Die wenigen Pferde, die tatsächlich auch gern dabei „arbeiten", doch sind sie sehr wenige. Davon wiederum ein vernichtend geringer Anteil wird zumindest nicht eklatant physiologisch schädigend bewegt. Dieses Thema lässt sich in vielen Aspekten noch viel spezifischer betrachten, doch soll es hier um eines gehen:

Ist es wirklich gerechtfertigt, diese Arbeit durch Reiten von seinem Pferd generell zu erwarten?

Die Antwort lautet Nein. Doch sind wir es alle so gewohnt. Falls sich doch mal jemand traut, seinem Pferd zumindest die Wahlfreiheit oder eine Meinung zuzugestehen, so wie es für Hunde und Katzen größtenteils selbstverständlich ist, wird er direkt von anderen Pferdehaltern zurechtgewiesen. Nicht, weil sie es alle tatsächlich besser wissen, und ganz bestimmt auch nicht, weil sie dem Pferd einen Gefallen tun möchten. Sondern weil es bedeuten könnte, dass man sein eigenes Tun in Frage stellen müsste, wenn jemand anderes durch ehrliche Kommunikation mit seinem Pferd eine tiefere, liebevollere

Bindung erreicht als man selbst. Und das macht Angst. Es bedeutet Selbstreflektion. Um diese zu umgehen, wird man also besserwisserisch und macht andere klein.

Und so folgen die meisten dem, was angeblich wichtige, laute Reiter ihnen beigebracht haben. Die Mehrheit denkt, ein Pferd müsste immer funktionieren. Ein großer Teil dieser Mehrheit wünscht sich aber auch eine Freundschaft zu seinem Pferd. Hofft auf Zuneigung und Freude, die er/sie mit seinem/ihrem Pferd ehrlich teilen kann.

Wenigen Menschen ist bereits klar, dass eine so prägnante Erwartung an ein denkendes, fühlendes Wesen und eine liebevolle, ehrliche Beziehung zwei Pole sind, die sich gegenseitig abstoßen. Wer schon mal einen Partner hatte, der immer nur seine Bedürfnisse durchsetzen wollte, ohne Rücksicht auf oder gar Einsicht in die Meinung seines Gegenübers, der weiß, dass hier kein Wohlfühlen möglich ist. Selbst bei gut gemeinten Erwartungen nicht, oftmals sogar ganz besonders dann nicht. So funktionieren Partnerschaften nicht. Auch nicht mit Pferden.

Ein Pferd zu kaufen mit einer Idee, was es einem bringen, welche Träume es einem erfüllen und welche Ziele es erreichen soll, ist nicht förderlich für die liebevolle, freundschaftliche Beziehung zu diesem wundervollen Wesen. Diese Idee besetzt einen Raum. Sie gibt etwas vor, sie erzeugt Druck. Sie bewirkt einen Tunnelblick auf den einzig möglichen Weg. Setzt das Pferd einen Huf abseits dieses Weges, verwirrt es seinen Menschen meistens massiv. Auf einmal weiß keiner von beiden mehr, wo man überhaupt ist oder was zu tun ist. Der Mensch ist hilflos, das Pferd unsicher. Nichts geht mehr. Es hagelt gute Ratschläge von außen, die sich aber auf einmal nicht mehr richtig anfühlen. In dieser Situation befinden sich fast alle meine Kunden, wenn sie mich als Pferdeflüsterer beauftragen.

Nun stell dir vor, du würdest einfach alle Ansprüche an dein Pferd lachend über die Schulter werfen wie ein leeres Glas auf einer schlechten Party und dich auf den Weg machen. Zusammen mit deinem Pferd. Denn ihr beide wisst am allerbesten, wo es lang gehen soll, was sich richtig und was sich falsch anfühlt. Wie in einer guten Freundschaft könnt ihr eure Bedürfnisse äußern, aufeinander achten, Kompromisse eingehen und mal etwas ausprobieren, was der andere vorgeschlagen hat. Mal verlässt du dabei deine Komfortzone, mal dein Pferd seine. Aber immer als Einheit. Und mit dem Wissen: Ich passe auf dich auf. Egal, was ist. Egal, ob du etwas wirklich nicht kannst oder willst. Denn es geht nicht darum, was du leistest, sondern darum, wer du bist. Und allein dich zu erleben in deiner größtmöglichen Entfaltung, macht mich froh und lehrt mich so viel für mein eigenes Leben.

So entsteht Vertrauen in Beziehungen. So darf Liebe wachsen. So entsteht dieses Gefühl, für den anderen Bäume ausreißen zu wollen, nur damit er sich freut. Auch bei Pferden! Besonders bei Pferden! Denn sie finden uns viel toller, als wir ahnen. Ihr Bedürfnis nach Freundschaft zum Menschen ist tatsächlich groß. Mach diesen Raum für euch auf, indem du euren Raum leerst von allen falschen Vorstellungen, Erwartungen und Glaubenssätzen, die du Pferden gegenüber hast. Hör auf dein Pferd anstatt auf andere Menschen. Erst dann kann es einen selbstgewählten Schritt auf dich zu machen, in euren Raum hinein. Und das ist es doch, was du dir wünschst.

KAPITEL 19

DAS TRAINING

Hat man diese Erwartungshaltung erst einmal abgeschafft und ist man mit dem Pferd ins Gespräch gekommen, und hat dann das Pferd auch geäußert, dass es sich gemeinsame Aktivitäten wie Reiten wünscht, dann steht man vor dem nächsten Problem: Wie bleibe ich im Dialog, während wir zusammen sind? Wie kann ich unseren Alltag so gestalten, dass wir beide etwas davon haben, ohne dass es gefährlich wird?

Hierzu stellen wir uns am besten einmal die Frage, was anstelle des konventionellen Trainings stehen sollte. Denn natürlich gibt es auch für meine Pferde ein paar Dinge, die im Alltag unumgänglich sind: Hufbearbeitung, Tierarztbehandlungen, Transporte. Diese Dinge müssen geübt werden. So definiere ich es, um das unnütze Einbahnstraßensystem des konventionellen Trainings einfach wegfallen zu lassen: Ich trainiere nicht, ich übe mit meinem Pferd.

Nicht nur die absolut notwendigen Interaktionen können geübt werden, sondern auch die Dinge, auf die man sich mit seinem Pferd geeinigt hat. Wenn ein Pferd zum Beispiel einen Reitwunsch äußert, aber selbst nicht weiß, wie das geht, dann braucht es den Menschen dazu, der es ihm zeigt und der mit ihm im Lernprozess im Dialog bleibt, um das Üben und Ausführen immer wieder auf beide Parteien abgestimmt zu justieren. Der erste Schritt hierbei ist, ihm die Situation zu erklären und wie es sich im besten Fall verhält, damit es für alle bestmöglich ausgeht. Dazu muss man kein Pferdeflüsterer sein, sondern es reicht, das verbal in einem ruhigen Moment im Beisein des Pferdes auszusprechen. Hierbei spreche ich in der positiven Version. Das heißt, ich vermeide die ungewollte Situation in der Darstellung. Ich sage: „Es wäre schön, wenn du ruhig hinter mir her den Weg hinuntergehen könntest", anstatt: „Ich will nicht, dass du dich aufregst und mir in die Hacken rennst." Die Besprechung der gewünschten Situation erfolgt immer im ruhigen Moment, bevor die Situation beginnt. Nicht, wenn sie schon begonnen hat.

Das Pferd muss Zeit haben, zu verstehen, was passieren soll, wenn es noch nicht zu Handlungen aufgefordert ist. Wenn man sein Pferd auch sprechen hört, kann man dann besprechen, wie es diese Situation am besten meistern wird. Was es dazu braucht, wo es Hilfe braucht und ob es sich das zutraut oder Mut dafür aufbringen muss. Der nächste Schritt ist dann, damit gemeinsam in Handlung zu treten, wobei man sich bestmöglich nach dem vorher Besprochenen richtet. Wie die Handlung dann genau aussieht, dafür gibt es keine pauschalen Angaben. Denn so viele Reit- und Trainingsweisen es gibt, so viele Pferd-Mensch-Paare mit individuellen Wünschen gibt es. Solange du deinem Pferd dabei zuhörst, auf es eingehst und es bestärkst bei dem, was ihr da gerade übt, kannst du dabei fast nichts falsch machen. Natürlich solltest du gewaltlos arbeiten, aber manchmal ist eine klare Ansage auch wichtig. Ich werde zum Beispiel manchmal laut, wenn ein Pferd rüpelig oder kopflos gefährlich für mich wird, damit es sich wieder auf mich besinnt. Gleich danach frage ich es aber, warum es sich so verhalten musste, und ändere etwas im weiteren Vorgehen. Vielleicht waren wir ein paar Schritte zu weit.

Pferde, die so mit Menschen zusammenleben dürfen, Dinge so lernen und gemeinsam Spaß haben dürfen, scheuen sich nicht, auch anzuzeigen, wenn etwas nicht stimmt. Das ist so überaus hilfreich, weil diese Pferde das Problem betiteln, bevor sie sich in extremes Verhalten stürzen müssen, welches dann gefährlich wird. Sie explodieren nicht, wenn einfach alles zu viel war, sondern sie zeigen lange vorher an, dass etwas nicht stimmt. Leider haben nur die wenigsten Pferde in ihrem Leben das Privileg, gehört zu werden. In meinen Pferdegesprächen gibt es Fälle, die sich in fast immer gleicher Manier wiederholen: Besitzer hat Pferd X seit vier Jahren, es ist zirka 10 Jahre alt. Reiten war nie ein Problem, das Pferd hatte mehr oder weniger willentlich den Prozess des sich immer Weiterentwickeln- und „Besser-werden-Müssens" des konventionellen Pferdetrainings akzeptiert. Es hatte hier und da vielleicht kurze Ausfälle oder hat immer gut funktioniert. Eines Tages dann rastete es anscheinend grundlos komplett aus und warf den Reiter mit voller Wucht an die Bande oder schmiss ihn anderweitig durch die Gegend. Die Fragen des Menschen dazu sind oftmals: „Was war an dem Tag los? Waren es die spielenden Kinder hinter der Bande? War es der falsche Sattel? Hatte das Pferd Schmerzen?"

Und eigentlich ist die Antwort nie so simpel, sondern es liegt dem fast immer eine viel grundlegendere Problematik zugrunde: Das Maß war voll. Spielende Kinder waren der letzte Tropfen, um es zum Überlaufen zu bringen. Die meisten Pferde, welche mehr oder weniger erfolgreich gearbeitet werden, werden von frühester Pferdekindheit an dazu erzogen, gefälligst ordentlich zu funktionieren, nicht aufzumucken, ihre Meinung nicht kundzutun und möglichst reibungslos und still abzuliefern, was vom Menschen abgefragt wird. So ist der Alltag der Reiterei. Pferde werden generell nie gefragt, wie das Befinden ist oder ob sie sich überhaupt in der Lage sehen, die Aufgaben zu meistern, die man ihnen gibt. Kaum jemand hat gelernt, ein Pferd wahrzunehmen oder zu verstehen, was in ihm vorgeht. Fast alle Angebote an Fortbildung für den interessierten Pferdemenschen sind einzig auf eins ausgelegt: Wie bekomme ich das Pferd dazu, zu tun, was ich von ihm will?

Kein Wunder also, dass es regelmäßig Pferde gibt, die dem nicht mehr standhalten. Die darunter zerbrechen. Entweder in Krankheit oder aber in Abwehrverhalten. Es gibt unzählige solcher Pferde und sie sind sehr traurig. Nicht nur, weil sie so gedeckt wurden, sondern vor allem, weil sie immer und immer und immer wieder versucht haben, es dem Menschen recht zu machen. Weil sie gut sein wollten und verzweifelt versucht haben, das Richtige zu tun. Sie haben versucht, alles zu leisten, immer mit dem großen Fragezeichen im Kopf, ob sie heute wohl gut genug waren. Sie wollten anerkannt werden für das, was sie sind und was sie leisten. Wenn Pferde aus Leistungszwecken gehalten werden, ist das oftmals auch nur das Leben, das diese Pferde kennen, und dann definieren sie sich selbst genauso über Leistung, wie die Menschen es tun. Pferde verstehen alles, was Menschen sagen. Ja, alles.

Ein Pferd, welches also immer versucht, es richtig zu machen, wird meistens nicht wirklich wahrgenommen in seinem Bedürfnis nach Anerkennung, Lob, Pause oder Sozialkontakt. Es funktioniert ja, ergo muss ja auch alles gut sein. Die meisten Menschen schauen erst hin, wenn das Pferd kaputt geht oder sich zu wehren beginnt.

KAPITEL 20
WIE PFERDE SICH DAS REITEN WÜNSCHEN

Aus Tausenden Pferdegesprächen kristallisiert sich für mich Folgendes heraus: Erstens gehen Pferde mit den allermeisten Ideen der Menschen übers Reiten nicht konform und zweitens tragen Pferde ihren Menschen dennoch sehr oft gern. Was kann man als Mensch also tun, um das Reiten als beidseitiges Vergnügen zu gestalten, und was wünschen sich Pferde von Menschen, wenn es ums Reiten geht?

Die erste, wichtige Information dazu ist, wie immer: Pferde sind sehr individuell. Es gibt wenige, enthusiastische Sportpferde, die es richtig toll finden, Extremleistungen in ihrem Bereich zu vollbringen. Die meisten aber leisten aus Angst, Druck und weil sie keine Wahl haben. Ebenso gibt es Pferde, die gern im Kreis gehen und Lektionen immer wieder wiederholen. Aber auch das sind nur wenige „Nerds", die meisten Pferde langweilen sich dabei und fühlen sich geknechtet. Die meisten reitfreudigen Pferde genießen es, ihren Menschen durch die Natur zu tragen und dabei gemeinsam unterwegs zu sein. Es ist wichtig, dein Pferd zu fragen, ob und wie es reiten möchte.

Die nächste, wichtige Information ist, dass nur, weil ein Pferd etwas gut macht, es nicht heißt, dass es das gern macht. Und nur, weil ein Pferd etwas nicht hinbekommt, heißt es nicht, dass es das nicht machen möchte. Es weiß dann vielleicht nur noch nicht, wie das richtig geht. Mir begegnet es beispielsweise sehr oft in den Pferdegesprächen, dass Pferde sagen, sie würden gern ausreiten. Der Besitzer aber das Feedback gibt, dass es kaum möglich wäre, auszureiten, weil das Pferd dabei ständig scheue oder umdrehen möchte. In diesen Fällen ist es meistens so, dass das Pferd keine gute Ausbildung erlebt hat, sondern eine, die unter Druck und Zeitdruck passiert ist. Solchen Pferden fehlt das Selbstbewusstsein, ihren Menschen gut zu tragen und selbstständig unsichere Situationen zu meistern oder Neues gemeinsam mit dem Reiter zu verarbeiten. Selbstsicheres Handeln vom Pferd sollte die Basis des Reitens sein. Denn wie soll man die Verantwortung über jemanden auf seinem Rücken übernehmen, wenn man selbst nicht sicher ist, was man tut?

Wenn man rohe, noch nicht auf eine bestimmte Leistung getrimmte Pferde fragt, wie sie gern geritten werden möchten, dann stimmen die Aussagen sehr oft überein. Das von Pferden gewünschte Reiten sieht dann ungefähr so aus:

Die Idee von „Ich reite mein Pferd" sollte sich zunächst verändern in „Ich lasse mich von meinem Pferd tragen". Was mit diesem Gedankenwechsel einhergeht, ist primär: Ich bin nicht dazu da, meinem Pferd vorzugeben, wie es sich zu bewegen hat oder wie es seinen Körper halten sollte, wenn es mich trägt. Ich sollte verstehen, dass ich hier oben Gast bin und mein Pferd selbst herausfinden darf und muss, wie es mich am besten trägt. Natürlich kann ich nachfragen, was ihm helfen würde. Aber NIEMALS sollte ich Theorien anderer Menschen blindlings übernehmen, in der Annahme, sie würden meinem Pferd guttun. Denn das tun sie in vernichtend hoher Prozentzahl eben nicht. Wirklich nicht. Bitte glaub den Pferden, nicht den Menschen. Dein Pferd wünscht sich, dass es dich tragen darf. Nicht, dass du es manipulativ besetzt.

Ich schmeiße also alle Reittheorien weg. Wie ich sitzen soll, was ich können muss. Was mein Pferd machen soll, wie ich es bewegen muss. Wie oft es geritten werden muss, was es an Bodenarbeit fürs Reiten braucht etc. Und dann lasse ich mich tragen. Ich sitze also auf dem Pferd und ENTSPANNE mich. Das allein schon ist schwierig für viele Reiter. Kein klemmendes Bein, keine Hacke unten, keine Armhaltung. Einfach entspannen, wie auf dem Sofa. Sich bewegen lassen, mitfließen. Am besten geht das ohne Sattel, mit einem Pad. So, wie es sich die Pferde allermeistens wünschen. Mit einem Pad tut nichts weh, nichts klemmt oder drückt, die Muskeln werden geschont und dein Gewicht verteilt sich automatisch ganz natürlich und bleibt auf dem Pferderücken in Bewegung, weil ihr euch beide bewegt (Ja, wirklich! Sättel helfen wirklich nicht dem Pferd). Mit dem Pad hat das Pferd das Gefühl, dich besser zu spüren und mit dir mehr im Einklang zu sein. Dein Pferd geht also los und du versuchst, dich in deiner Mitte locker zu machen. Schwing etwas im Becken mit. Wenn es dir hilft, mach den Rücken etwas krumm oder lehne dich dabei nach hinten, damit du mehr Bewegungsfreiheit im Becken hast. Und nicht vergessen: Entspannen! Mitfließen.

Wenn du nach links reiten möchtest, lehnst du dich mit dem Oberkörper etwas nach links vorn, zirka dorthin, wo dein Pferd hintreten soll. Du öffnest die linke Hand, nimmst also den Zügel nach links herüber, ohne daran zu ziehen. Deine Hand geht dorthin, wo dein Pferd hin soll. Dein Gewicht ist links vorn, dein rechtes Bein liegt etwas an, als würdest du ganz sanft damit sagen: Da rüber bitte, wie ein sanftes Schieben. Dasselbe gilt umgekehrt für rechts: Zügel öffnen, rechte Hand nach rechts, Oberkörper nach rechts vorn, Gewicht mitnehmen, linkes Bein anlegen, als würdest du den Bauch damit umarmen und das Pferd sanft nach rechts schieben. So fühlt es sich für das Pferd natürlich und verständlich an.

Anhalten geht am besten, wenn du die Zügel annimmst und dabei deinen Körper anspannst, also die Beine anlegst und zumachst, dich etwas nach vorn lehnst und dazu noch ein verbales Signal nimmst. Das klemmende Bein ist unangenehm fürs Pferd, sodass die natürliche Reaktion des Pferdes auf plötzliches Anspannen deines Körpers ist: „Huch, was hast du?", und es stehen bleibt. Einen verspannten Körper trägt man sehr viel schwieriger, als einen, der in der Bewegung mitfließt. Probiere es mal aus, wenn du jemanden Huckepack trägst. Oder vielleicht bist du schon mal Motorrad gefahren und hattest jemanden hinten drauf, der ängstlich verspannt war und sich nicht in die Kurve legen wollte. Es ist dann nicht wirklich möglich, zu fahren.

Losgehen oder schneller gehen bedarf meist kaum eines Signals. Denn gesunde Pferde, die gern geritten werden, laufen gern, wenn sie einmal gelernt haben, wie man Menschen trägt. Sie müssen nicht dazu motiviert werden, sich zu bewegen. Es reicht dann meist schon der Gedanke, dass man traben möchte, um sie in Gang zu bringen. Manche Pferde brauchen eine klitzekleine Beinhilfe. Wie ein schnelles, sehr leichtes Anstupsen mit den Füßen, also die zehnmal schwächere Version des „Treibens", aber einmalig. Dazu lässt man die Zügel länger und nimmt ein verbales Signal. All das nur, wenn das Pferd nicht sowieso schon den Gedanken gelesen hat.

Und das war es schon. Die Kunst, sich auf dem Pferd zu entspannen und wirklich kaum einzuwirken, sich tragen zu lassen und mit der Bewegung mitzugehen, ist so anders als das klassische Reiten, was viele lernen, dass es einiger Übung bedarf und bei geübten Reitern vor allem ein „Entlernen" stattfinden muss, bevor sich die neue Haltung einstellen kann. Es also erst einmal hinzubekommen ist, NICHT das zu tun, was man immer getan hat. Auch Pferde, die es gewohnt sind, einen klemmigen, invasiven Reiter auf sich zu haben, tun sich manchmal mit der neuen Leichtigkeit anfangs schwer. Aber Achtung: Meistens liegt es an dir, wenn dein Pferd sich beschwert, wenn du versuchst, mit Pad zu reiten oder etwas anders machst als sonst. Denn vermutlich verspannst du dich dabei noch zu sehr, und das ist für das Pferd dann unangenehm und nicht machbar.

Als ich beispielsweise meinen Wallach Milan zu reiten begann (er war damals ein 14-jähriges, ehemaliges Westernturnierpferd), ließ ich den Sattel schnell weg und benutzte ein Pad. Bei unserem ersten Galoppversuch im Gelände buckelte er und blieb stehen. Ich fragte nach, was los sei, und er sagte: „Du musst dich bitte entspannen, so geht es nicht", und beim nächsten Mal achtete ich darauf, mich mit wirklich entspannten Beinen tragen zu lassen und einfach nur zu balancieren. Er hat seitdem nie wieder mit mir gebuckelt und wir galoppieren mit über 50 Stundenkilometer durch die Gegend. Ich habe meistens einen Hals Ring dabei, um mich festzuhalten, wenn er loslegt, damit es mich nicht vom Pferd fegt.

Pferdegerechtes Reiten fällt also wem am leichtesten? Dem, der nichts übers Reiten weiß. Das gilt sowohl für Pferde als auch für Menschen. Wenn du also gern mit deinem Pferd als Einheit unterwegs sein möchtest und es sich sicher und richtig anfühlt, ihr Spaß zusammen habt, aber du dir von anderen sagen lässt, wie es mit deinem Pferd gehen soll, dann schmeiß diese Theorien bitte in den Müll.

Es ist so viel einfacher und schöner, wenn ihr es gemeinsam herausfindet. Es gehört so viel weniger dazu, als du denkst. Eigentlich bedarf es nur etwas Mut, gegenseitiges Vertrauen, die Fähigkeit, sich von seinem Pferd lehren zu lassen. Dazu die Fähigkeit, sich gegenseitig zuzuhören, und gegenseitigen Respekt. Das „wie" erarbeitet ihr dann ganz für euch selbst. Niemand kann euch dann mehr sagen, dass das falsch ist. Weil es für euch so stimmig ist.

KAPITEL 21
GLÜCKLICHE PFERDE

Pferde, welche es nicht schaffen, zu funktionieren, oder die zu wenig Leistung zeigen können, werden oft als faul abgestempelt. Das Wort „faul" habe ich so gut wie aus meinem Wortschatz gestrichen, genau wie das Wort „dominant". Es gibt keine faulen Pferde! Es gibt nur körperlich oder psychisch kranke, gelangweilte, gedeckelte, ignorierte Pferde, denen die Lebenslust oder aber die Lust auf das Zusammensein mit Menschen kategorisch mies gemacht wurde. Wenn dein Pferd nicht vorwärtsgeht, dann hat es seinen Grund. Dieser Grund ist nicht, dass du dich nicht genug durchsetzt. Der Grund ist vielschichtiger als das.

Er hat vielleicht mit seiner Vergangenheit zu tun, mit seinem körperlichen Zustand, mit seinem seelischen Zustand, mit seiner Haltung, Fütterung, mit seiner Persönlichkeit und geistigen Gesundheit, vielleicht auch mit seinem Equipment. Es ist schön und löblich, dass es schon Pferdemenschen gibt, die versuchen, den Fehler ausfindig zu machen, aber das übliche „Hast du mal seine Zähne gecheckt?" oder „Vielleicht drückt der Sattel" oder „Probier mal gebisslos" oder

„Da muss mal ein Chiro ran" ist in den meisten Fällen nicht mal ein Bruchteil der Lösung des Problems hinter dem Verhalten dieser Pferdeseele. Deshalb ist es wirklich höchste Zeit, zu verstehen, dass ein lustlos wirkendes Pferd nicht geritten werden sollte, anstatt dass man nur nach einer Lösung sucht, es wieder vorwärtszubekommen. Es sollte gehört werden und die Missstände in seinem Leben sollten durch Menschenhand so gut wie möglich beseitigt werden, am besten einhergehend mit einer Entschuldigung durch den Menschen, dass es so weit kommen konnte. Übrigens muss man, um solche Pferde zu erkennen, oftmals nicht mal wirklich die Tierkommunikation beherrschen. Es reicht, sie sich genau anzusehen. Ein stumpf blickendes, langhaariges, dickbäuchiges Pferd mit eingefallenen Flanken ist nicht gesund und wird auch nicht wirklich Leistung zeigen können beim Reiten.

Dasselbe gilt natürlich für Pferde, die andere Wege suchen, um auf ihren Missstand aufmerksam zu machen. Ob sie sich verweigern, so wie Milan. Oder ob sie durchgehen, abkürzen, kopflos rennen, nähmaschinenartig arbeiten oder ob sie viel zu guckig und nervös beim Reiten sind. Diese und andere „Unarten" unter dem Reiter oder am Boden sind immer Hilferufe von Pferden, die den Erwartungen nicht mehr gerecht werden können oder auch noch nie konnten, weil sie nie gelernt haben, wie das geht. Sehr viele von ihnen haben nie gelernt, sich selbst im Prozess des Lernens kennenzulernen und zu verstehen. Sie wissen nicht, wie sie sich selbst Erfolgserlebnisse erarbeiten können, die dazu führen, dass sie stolz auf sich sein können. Sie kennen das Gefühl nicht, sich mutiger, besser und größer zu fühlen, weil sie etwas gelernt haben. Doch genau dieser wichtige Prozess im Leben eigentlich fast jedes Lebewesens ist so wichtig, um sich selbst motivieren zu können. Um überhaupt einen eigenen Antrieb oder eine gewisse Begeisterung und Leidenschaft entwickeln zu können für das, was man tut. Doch dafür braucht man einen Spielraum, in dem man sich ausprobieren darf. Dazu braucht man ältere und erfahrenere Wesen, die einen bestärken. Für Pferde können diese begleitende Aufgabe nicht nur andere Pferde, sondern auch menschliche Herdenmitglieder übernehmen. Wir dürfen unseren Pferden etwas beibringen, jedoch ist die Grundlage hierfür ein offener Dialog, damit das Pferd ein glückliches wird.

Was ist eigentlich ein glückliches Pferd?

Die Entwicklung von einem zutiefst traurigen, frustrierten, depressiven Pferd hin zu einem glücklichen Pferd habe ich an meinen beiden Pferden, vor allem aber intensiv an Milan miterlebt. Milan hat mir sehr hartnäckig immer und immer wieder gezeigt, dass ein glückliches Pferd weder ein gut ausgelastetes Pferd ist, noch ein Pferd, welches therapiert wird. Auch keins, das in einer großen Herde stehen darf. Ein glückliches Pferd ist jenes, welches sein darf, wie es ist. So wie in jeder guten Freundschaft. Meinen besten Freund werde ich nicht täglich auf seine mangelnde Lebensfreude ansprechen, ich werde auch nicht versuchen, ihn durch Aufgaben auszulasten. Ich versuche nicht, ihn andauernd zu überreden, mit mir einfach immer wieder tolle Sachen zu machen, weil ich meine, dass sie ihm guttun würden. Einem besten Freund höre ich vor allen Dingen zu. Und wenn er sagt: „Ich möchte eine gewisse Distanz und wünsche mir Zeit und dass du trotzdem bei mir bist. Ich wünsche mir, dass du mir nichts Neues auferlegst, ich nichts mehr lernen muss und ich nicht mehr benutzt werde", dann ist das Gesetz. Es war nicht immer einfach mitanzusehen, wie Milan in seinem ersten Jahr bei uns immer bloß in der Ecke des Paddocks stand, um stumpf über die Weite zu blicken, wie ausgeschaltet. Es war nervenaufreibend, zu akzeptieren, dass er wirklich keinen Schritt auf den Reitplatz setzen wollte, wenn irgendetwas komisch war oder jemand zusah. Es war schwierig, seiner Wut und Dickköpfigkeit immer wieder mit Verständnis zu begegnen. Es tat mir leid, zu sehen, wie er vor Wut nahezu einen ganzen Sommer in der kühlen Scheune verbrachte, weil er sich durch Lappalien wie

Fliegen (trotz Fliegendecke) die Freude an der Weide nehmen ließ. Aber ich ließ ihn. Ich wollte ihn seiner Würde nie wieder so berauben, wie die Menschen vorher es immer wieder getan hatten. Ich wollte ihm nicht widersprechen, indem ich meinte, zu wissen, was besser für ihn wäre. Ich sorgte für ihn, beschützte ihn, stand für ihn ein und brach mein Versprechen natürlich nie, dass er seine Stute und seinen Platz auf Lebenszeit bei mir hatte.

Ab und zu ritten wir aus oder spielten etwas auf dem Platz und jeder einzelne Ritt war wie Fliegen. Ich liebe Reiten! Ich liebe Galoppieren! Je schneller, umso besser. Das hatten wir immer schon gemeinsam und es half uns beiden, etwas Freude in unser Leben zu bringen. Glücklich jedoch wurde Milan erst nach langer Zeit. Er brauchte dafür seine Zeit, und auch unser absolutes Zuhause, in dem er endlich die allgemeine Verantwortlichkeit, die er für jede (Menschen- und Pferde-) Herde verspürt, ablegen konnte, weil ich endlich wieder vor Ort war. Milan kommt nicht gut klar mit unklaren Verhältnissen und braucht neben sich menschliche Führungspersönlichkeiten, die ihren Anteil an der Herdenführung übernehmen. Die Herde, das sind nicht nur die anderen Pferde um ihn herum. Für Milan, wie für viele andere Pferde auch, gehören zu seiner Herde die Mitglieder des Umfeldes seines Zuhauses mit dazu. Das sind Menschen und andere Tiere, bei uns gehört unser Hund für ihn auch dazu. Milan und auch Mouna wünschen sich stets, dass ich ein souveränes Herdenmitglied bin, welches seine Aufgaben übernimmt und verantwortungsvoll trägt. Dass es in Herden nicht die früher oft benannten einzelnen Führungspositionen gibt („Leithengst"), das erzählen mir die Pferde immer schon.

Es sieht vielmehr so aus, dass jedes Pferd ein wichtiges Glied der Herde ist und seine ganz persönlichen Stärken als Aufgaben mit einbringt. Seine Stellung in der Herde passt sich also dem an, was es ausstrahlt und leistet. Ist ein Pferd besonders gut darin, aus der Ferne

Unsicherheiten zu erspähen, wird es der Aufpasser. Ist es gut darin, leckere Futterquellen aufzutun, wird das seine Aufgabe. Ist es jemand, der gern für gute Stimmung sorgt, wird es der Spielinitiator. Andere Pferde sind besonders gut im Zusammenhaltkreieren oder darin, dafür zu sorgen, dass kein Streit entsteht. Jeder kümmert sich in seinem Maße um die Herde, und so entstehen homogene Herden mit entspannten, glücklichen Pferden. Es ist wichtig, zu verstehen, dass zu große Pferdegruppen auf zu kleinem Raum mit ständig wechselnden Mitgliedern eigentlich fast keine Herden sein können.

Es ist eher so, dass sich darin dann einzelne Freundschaftsverbände zusammenfinden und die Pferde eher nebeneinanderher existieren, als eine Herde zu formen. Verständlich, dass jene Pferde, die sich für das Wohl aller verantwortlich fühlen, oder jene, die gern klare Verhältnisse und Aufgabenverteilung an alle Beteiligten fordern, in solchen Pferdegruppen unglücklich oder sogar tyrannisch werden. Sie leben in dem ständigen Versuch, eine ordentliche Herde herzustellen. Aus der Beschreibung der Aufgabenverteilung ist aber auch das Phänomen abzuleiten, warum mir so viele Pferde im Pferdegespräch mitteilen, dass die äußeren Umstände suboptimal sein können, sie aber trotzdem glücklich sind, solange ihr Mensch für sie da ist, sie liebt und ihnen zuhört: Sie binden sich fest an den Menschen und haben somit einen verlässlichen, innigen Herdenpartner. Obwohl wir Menschen nicht die ganze Zeit bei unseren Pferden sein können, empfinden sie uns als Herdenmitglieder. Je besser unsere Freundschaft ist, umso sicherer und zufriedener sind sie dann in ihrer kleinen Zweierherde mit uns.

Ich kann mir vorstellen, dass das merkwürdig klingt für viele, auch ich habe lange gebraucht, um das glauben zu können. Doch es ist wirklich so und wird mir immer wieder neu von Pferden so vorgelegt, wenn ich mit ihnen spreche. Der Mensch kann durchaus dafür sorgen, dass das Pferd ein glückliches ist, wenn er als sein wichtigstes

Herdenmitglied mit dem Pferd in einem permanenten Austausch steht und das Pferd sich auf ihn verlassen kann.

In Bezug auf die von Menschen gehaltenen Pferde bedeutet dies also: Ein glückliches Pferd ist ein gehörtes Pferd.

Der Umkehrschluss ist aber deshalb nicht gleich, dass ein vermenschlichtes Pferd immer glücklich ist. Nur weil du dein Pferd super süß findest und ihm fünf Schabracken gekauft hast und es so tolle Dressurlektionen für dich macht, habt ihr nicht gleich eine gute Freundschaft. Auch bedeutet es nicht, dass der Mensch immer genug ist, um das Pferd glücklich zu machen. Man muss ihm schon zuhören. Das Pferd wird glücklich sein, wenn es seinem Menschen sagen darf: „Ich brauche bitte nur zwei richtige Pferdefreunde um mich herum und ansonsten ganz viel Ruhe." Oder aber: „Ich brauche eine riesige Herde mit ganz vielen Pferden, die alle wissen, was sie tun." Wenn dieser Mensch sich dann darum kümmert und im Dialog mit seinem Pferd bleibt, wird es glücklich. Denn dann weiß das Pferd: Selbst, wenn es jetzt noch nicht alles optimal ist, weiß ich, dass mein Mensch meine Gedanken mit mir teilt und er das Beste für mich tut.

Eine Freundschaft ist eben genau das: zuhören, mitfühlen, die Seelenschnittmenge ausleben. Einander bestärken, zusammen Dinge tun, die beide glücklich machen. Für ein Pferd kann ein Mensch das ausschlaggebende Herdenmitglied sein, welches es zu einem glücklichen Pferd macht.

Im Fall von Milan bedeutete das eben, ihm wirklich die Zeit zu geben, die er brauchte. Zu akzeptieren, dass er nicht mehr will als das, was wir jahrelang gelebt haben. Auch wenn ich fand, dass unsere Bindung deutlich inniger sein könnte, oder wenn ich mir generell eine innigere Bindung zu meinen Pferden wünsche. Aber ich sollte nicht mehr tun, als ihm das als Angebot in den Raum zu stellen und ihm zu überlassen, ob er über mein Versprechen hinaus, gelegentliche Ausritte und seine Stute, noch etwas von mir brauchte.

Ich gab ihm also den Raum, er selbst sein zu dürfen.

Wenn es einen Schlüssel gibt, die Beziehung zu deinem Pferd zu festigen, dann ist es dieser: die Kunst, ihm den Raum zu geben, es selbst zu sein und dennoch für es da zu sein. Das ist ein Balanceakt zwischen Nähe und Distanz, zwischen Machen und Lassen, zwischen Motivieren und Beschützen.

Um das leisten zu können, solltest du selbst auch einigermaßen auf dich achten und dafür sorgen, dass du wenigstens versuchst, so glücklich zu sein, wie es eben geht. Du solltest deinem Pferd ein guter Freund sein können, ein guter Partner, auf den man sich verlassen kann. Man kennt das selbst: Menschen, die nicht auf sich achten oder die permanent in ihrem eigenen Unglück im Kreis waten, die sind keine guten Freunde oder Partner. Jede Freundschaft verträgt es, wenn der eine mal ein Tief hat und hilfsbedürftiger ist als der andere. Natürlich ist die Essenz einer Freundschaft, dass man in der Not füreinander da ist. Wenn dein Pferd aber das Gefühl haben muss, dass du quasi ständig in der Not bist, weil du gestresst und unglücklich mit deinem Leben bist, dann wird es sich bei dir darüber beschweren. Wenn du es nicht hörst, wird es sich durch Verhalten deutlicher machen.

Das bedeutet: Stimmt es auf menschlicher Seite nicht in der Herde, kann es auf der Pferdeseite kaum besser gehen. Unsere Haustiere sind so eng mit uns im Kontakt, dass sie natürlich wissen, ob man sich zum Beispiel als Mensch dort im Stall überhaupt wohlfühlt. Pferde stehen im ständigen Kontakt mit ihrer Umwelt. Als äußerst soziale Tiere können sie gar nicht anders. Sie haben die Individuen ihrer Herde im Blick. Sie wissen also, wie es den Mitgliedern ihrer Herde geht. Auch, wie es dem Pferd zwei Weiden weiter geht. Sie wissen um die Stimmung im Stall. Sie wissen vom Leistungsdruck des Pferdes auf dem Reitplatz gegenüber. Sie wissen, ob der Stallangestellte seine Arbeit gern macht und sich geschätzt dabei fühlt. Sie nehmen das alles wahr. Sie wissen am besten, wie es ihren Menschen und ihren engsten Pferdefreunden geht, weil das die wichtigsten Herdenmitglieder sind.

Ein Pferd kann noch so gute Grundbedingungen erhalten – genügend Auslauf, bestes Futter, gute Ruheplätze und so weiter. Wenn das Miteinander nicht stimmt und ein oder mehrere Individuen ihrer Herde (zwei- und mehrbeinige) nicht glücklich in ihrer Gruppe sind, leidet auch der Rest der Gruppe. Am meisten derjenige, der dem Unglücklichen am nächsten steht.

Der Mensch spielt hierbei eine viel größere Rolle, als er sich meist zugesteht. Wenn er eine liebevolle, freundschaftliche Beziehung zu seinem Pferd hat oder sie sich auch nur wünscht, ist es fast unmöglich, das Pferd glücklich zu machen, wenn er es selbst nicht ist. Ein Aufopfern bringt nichts als Ungleichgewicht in der Herde. Es gibt dann ein schwaches Glied. Das bedeutet Unsicherheit, diese wird das Pferd wahrnehmen und äußern. Seine Wege sind vielfältig. Ob es diese im direkten Kontakt mit seinem Menschen demonstriert, mit sich selbst ausmacht (psychisch oder physisch) oder an anderen Pferden auslässt, ist typabhängig. Ganz klar sind hierbei nicht nur stumpfe Überlebensinstinkte im Spiel, sondern ganz universelle Gefühle wie Empathie, Liebe, Fürsorge und Verbundenheit.

KAPITEL 22

DIE HERDE

Mouna und Milan sind beide relativ wichtige Individuen einer Herde,
beide decken wichtige Aufgaben gut ab. Milan ist stark darin, eine
Herde zusammenzuhalten und dafür zu sorgen, dass die Mitglieder fair
miteinander sind. Er überwacht Abläufe, die Einhaltung von Routinen
und auch die Gesundheit der anderen. Er berichtet bei Krankheiten der
anderen direkt an mich. Er erlaubt sich nur wenige Freundschaften in
der Herde, meist nur einen Freund neben seiner Stute Mouna. Mouna
ist ein wichtiges Bindeglied für alle und sorgt für Fellpflege, Futtersuche
und Wohlbefinden. Sie hat viele Freunde, männliche und weibliche.
Beide brauchen keine harten Maßnahmen wie Beißen, Schlagen oder
Terrorisieren, um diese Aufgaben übernehmen zu können. Sie sind
natürlich in ihrer Aufgabenausführung, decken sie gern ab. Sie respektieren auch andere wichtige Pferde und lassen diesen ihre Aufgaben.
Sie bringen relativ viel Sicherheit und Harmonie in eine Herde, wenn
man sie lässt. Probleme bekommt vor allem Milan, wenn eine Herde
aus zu vielen abgestumpften Pferden besteht. Solche, die sich nicht
einfügen wollen und sich abkapseln, oder solche, die absichtlich stören.

Es gibt erschreckend viele Pferde, die ihre natürlichen Aufgaben gar nicht mehr wissen oder nicht mehr ausführen, weil sie sich aufgegeben haben. Dies kommt zustande, wenn Pferde immer wieder oder ausschließlich unsichere Herden (zwei- und vierbeinige) erlebt haben. Die Ursachen sind vielfältig. Meistens liegen sie in nicht artgerechter Haltung mit zu wenigen harmonischen Sozialkontakten zu Pferden und Menschen gleichermaßen. Ebenso häufig sind Besitzerwechsel oder zu herzloser Umgang von Menschenseite (zu frühe, zu leistungsorientierte Ausbildung) die Ursachen.

Ebenso aber bekommen meine Pferde Probleme, wenn die menschlichen Herdenmitglieder nicht stimmen. Wenn diese ihren Platz in der Gruppe nicht wissen, gegen die Gruppe arbeiten oder stören wollen. Meine Pferde wissen, dass die Menschen diejenigen sind, die entscheiden. Sie wissen, dass die Menschen um sie herum über ihre Grundbedürfnisse die absolute Macht haben. Genau deshalb ist es von bedeutsamer Wichtigkeit für sie, dass die Menschen um sie herum sich ebenso harmonisch für die Herde benehmen, wie die pferdischen Mitglieder. Sie haben das Bedürfnis, mit ihnen gut zusammenzuarbeiten und ehrliche Beziehungen zu führen, um ein gutes Miteinander zu schaffen. Sie leiden darunter, wenn das nicht möglich ist und sie auf abgestumpfte Menschen treffen, die harte Maßnahmen wie Dominanz, Ignoranz, Terror oder sogar Gewalt innerhalb der Herde verbreiten. Auch, wenn diese nur innerhalb der zweibeinigen Herde passiert.

Auf Deutsch heißt das, dass das bestversorgte Pferd, welches friedlich neben seinem Pferdekumpel auf der Weide Gras kaut, unglücklich sein wird, wenn es weiß, dass sein Mensch bei der Arbeit gemobbt wird oder aber wenn die verantwortlichen Menschen am Stall ihre Aufgaben nicht gut absolvieren. Deshalb ist es für so viele private Pferdehalter so schwierig, den perfekten Pensionsstall zu finden. Er muss für alle Herdenmitglieder passen.

Milan und Mouna mussten seit ihrer Zusammenkunft in verschiedenen Pensionsställen ihr Zuhause finden. Meinen eigenen Hof, auf dem sie sich kennenlernten, konnte ich damals nicht behalten. Sie lernten also verschiedene Herden kennen. Mounas Wunsch blieb es seitdem ersten bis zum letzten Tag in diesen Ställen, wieder mit mir zusammenzuleben. Auch für mich war das natürlich ein Traum gewesen, meine Pferde bei mir zu haben. Aber ich hoffte, dass auch unter Obhut anderer Menschen meine Pferde glücklich sein konnten. Außerdem war ich sicher, dass es ihnen als Herdentiere nur gut tut, nicht nur zu zweit zu sein. Dass es wichtiger wäre, eine schöne Pferdegruppe um sich herum zu haben in einem für meine Bedürfnisse zumindest akzeptablen Stall. Dass wir dann alle einigermaßen glücklich wären. Die Rechnung ging nie ganz auf. Es hat sich als nahezu unmöglich erwiesen, einen Stall zu finden, deren Herdenharmonie (zwei- und vierbeinig!) so intakt war und dessen Bedingungen so gut waren, dass wir alle wir selbst und somit glücklich sein konnten.

Im letzten Pensionsstall hatten wir die Situation, einen von außen betrachtet wirklich idyllischen, tollen Stall gefunden zu haben. Nur acht Pferde in schönster Umgebung mit großer Auslauffläche und guter Grundversorgung. Die Herde hatte auf Pferdeseite zwei besonders wichtige Mitglieder. Einen Wallach, der als einziges Pferd die Nächte allein draußen verbrachte und alles im Blick hatte; und eine Stute, die prinzipiell unzufrieden war, aber deutlich zu dem Wallach gehörte. Diese beiden Pferde gehörten den Stallbetreibern. Milan bekam die Box neben dieser Stute. Von Anfang an wurde er unentwegt von ihr angezickt, sogar durch die Abtrennung. Sie ließ prinzipiell ihren Frust an ihm aus. Noch am letzten Tag, als wir gingen, spritzte sie ihr Gift zu ihm herüber. Er ignorierte sie, nachdem er anfangs ein paar Schlichtungsversuche gestartet hatte. Mouna freundete sich zwar mit dem Wallach an, aber es war eher ein Dulden der beiden Pferdepaare auf beiden Seiten.

Der Stall wurde betrieben von einem älteren Ehepaar. Sie waren die wichtigen Mitglieder auf Menschenseite. Der Mann war immer dort, immer draußen am Stall unterwegs, hatte alles im Blick. Die Frau war prinzipiell unzufrieden, gehörte aber deutlich zu ihrem Mann und wollte wichtig sein, wenn sie sich zeigte, ohne tatsächliche Aufgaben zu übernehmen. Die Frau ließ mich von Anfang an spüren, dass sie mich nicht mochte. Sie fand Gründe, mich zu maßregeln (Mouna sollte im Winter keine Decke tragen, ich sollte keine Haare in der Box lassen und so weiter) und erfand Regeln, die nur für mich galten. Noch beim letzten Mal, als ich sie sah, spritzte sie ihr Gift in meine Richtung. Ich ignorierte sie letztlich, nachdem ich anfangs versucht hatte, es ihr recht zu machen und zu schlichten. Mit dem Mann freundete ich mich zwar oberflächlich an, aber es war eher ein Dulden von uns allen gegenseitig.

Seit drei Jahren wohne ich nun endlich wieder mit allen Mitgliedern meiner Herde zusammen. Obwohl wir nur drei Pferde sind, ein Hund und zwei Menschen, ist es wirklich unübersehbar, wie deutlich das allgemeine Wohlbefinden, das Sicherheitsgefühl von uns allen, angestiegen ist. Mouna ist quietschvergnügt, nickt, brummelt und wiehert mir bei jeder Gelegenheit zu, beglotzt mich von allen Seiten, wenn sie mich sieht. Sie kuschelt, sucht Nähe und lächelt unentwegt. Ihr Traum vom Muttersein hat sich endlich erfüllt und sie genießt ihn in vollen Zügen in ihrem geschützten Zuhause. Milan grunzt vor Freude, wenn er mich sieht, entspannt sich körperlich sichtlich, erlaubt sich direkte Kontaktaufnahme mit uns Menschen (dafür war er sich aufgrund seiner Vergangenheit oft zu stolz) und galoppiert täglich umher. Er berichtet mir von seinem Tag, fordert auf der Weide Kraulen am Bauch ein (früher ließ er sich dort prinzipiell nicht berühren, machte das meiste lieber mit sich aus) und alle kommen auf Zuruf, selbst wenn sie nur eine Stunde auf dem heißgeliebten Gras stehen konnten. Beide erwachsenen Pferde sind im fremden Gelände völlig tiefenentspannt, selbst wenn ich sie einzeln rausnehme.

Beim ersten Spaziergang damals im neuen Zuhause auf unserem Hof mit meinen beiden Pferden an der Hand am Halfter gingen wir zuerst an einer Fohlenweide vorbei mit heranlaufenden Stuten, dann an der Jährlingsweide mit sich erschreckenden Jungpferden, die davonbockten, dann an der Hengstweide, auf der ein Hengst alles gab. Meine beiden schauten nur kurz und gingen selbstverständlich und innerlich ruhig einfach so hinter mir her. Ohne, dass ich sie jemals darauf trainiert habe. Es war von Anfang an so überdeutlich, wo sie hingehören, dass es mich jeden Tag bis heute fast zu Tränen rührt. Selbst ich, die mit Tieren spricht, habe mir damals bei der Ankunft in unserem jetzigen Zuhause mal wieder ein fettes Brett vor dem Kopf abschrauben dürfen, um zu verstehen, wie innig die Beziehung zu meinen Pferden eigentlich ist. Und wie wichtig die Werte einer echten Freundschaft auch mit unseren Tieren sind: Liebe, Empathie, Fürsorge, Zuverlässigkeit, Ehrlichkeit, Authentizität, Verantwortung und vor allem: Selbstverantwortung. Stark sein zu können für sich selbst, für sich selbst zu sorgen und sein Licht zum Strahlen zu bringen, damit sich die anderen darin sonnen können. Denn eine Gruppe ist immer nur so stark wie ihr schwächstes Mitglied.

In dieses Umfeld hinein durfte zwei Jahre später Makani geboren werden. Seine Eltern (also Mutter Mouna und Stiefvater Milan) waren beide voll angekommen in unserer Herde und alles war genauso, wie wir es alle für richtig halten und wie es uns glücklich macht. Zu sehen, wie Leben entsteht im festen, verlässlichen, glücklichen Familienverbund und was das für dieses neue Leben bedeutet, ist die schönste Erfahrung meines bisherigen Lebens. Ich schätze, dass Makani deshalb das glücklichste Pferd ist, das ich jemals traf. Diese Freude und Lebensbejahung sprüht förmlich aus ihm heraus und ich hoffe inständig, dass ich diese Basis mithilfe aller Herdenmitglieder noch sehr lange für uns alle halten kann, damit wir alle glücklich bleiben. Dass wir alle für Makani diese Basis geschaffen haben, obwohl wir hier alle ein nicht so glückliches bisheriges Leben, zumindest in Teilen, hinter uns haben, hat uns allen viel gebracht. Diese reine, starke, selbstverständliche, ungezügelte Lebensfreude ist ein Niveau des Glücklichseins, welches wir so noch nicht kannten. Makani gibt uns so viel damit, dass wir alle ein großes Stück heilen allein deshalb, weil es ihn gibt. Er zeigt uns, wie es geht.

Makani hat einen sehr großen Anteil daran, dass Milan ein glückliches Pferd geworden ist. Auch Milan hatte einen Vaterwunsch.

Als Jungpferd hatte er in einem Zuchtstall gelebt, in dem er auch Fohlen kennengelernt hatte. Er durfte zwar nie selbst Vater werden oder als Vater leben, bevor er recht spät kastriert wurde. Die Erfahrung in dem Zuchtstall aber reichte ihm, um den Wunsch, das Vatersein auszuleben, wachsen zu lassen. Fohlen waren ihm immer schon lieb. Er begegnete Fohlen immer mit einer äußersten Sanftheit, die bei dem dickköpfigen Wutrennpferd überraschend sein konnte. Diese Weichheit hat er auch Kindern und Hunden gegenüber.

Milan hatte mir prophezeit, dass er seine Vaterrolle sehr ernst nehmen und mit einer großen Erfüllung ausüben würde, wenn Mouna ein Fohlen bekäme. Und das, ohne dass ich ihm diese Rolle überhaupt auferlegt hätte. Mouna hätte ihr Fohlen auch bekommen wollen, wenn es keine Vaterfigur dazu gegeben hätte oder Milan diese Rolle nicht hätte annehmen wollen. Doch er wollte es so. Er prophezeite mir sogar, dass Makani ihm diesen Funken Lebensfreude wiederbringen würde, der ihm vor so langer Zeit nachhaltig durch Menschen verloren gegangen war, was ich ungefragt manchmal für ihn bedauerte. Er zeigte mir, wie er mit Makani väterlich beste Freunde werden würde und wie die beiden wild spielen würden. So richtig, wie Hengste es tun. Es sah wunderschön in seiner Vision aus und ich freute mich darauf, war aber genauso gespannt, ob sich Milans Vision wirklich so bewahrheiten würde, denn so hatte ich ihn noch nie erlebt, mit keinem anderen Pferd oder allein. Milan war immer recht verhalten gewesen, auch im Spiel. Er gestattete sich kein sehr wildes Verhalten, weil man ihn in seiner frühesten Jugend deutlich dazu erzogen hatte, ein ordentliches Pferd zu sein, welches für Menschen funktioniert und keinerlei gefährlich anmutende Regungen zeigen soll. Und so war er auch mit Pferden, es sei denn, er sah Grund für ernsthafte Maßnahmen im Sinne von Herdenverteidigung gegenüber fremden Pferden. Dann trieb er, um Ordnung herzustellen, aber das passierte sehr selten. Wenn er mal spielerisch Dampf ablassen musste, dann tat er es durch Vorwärtsrennen, meistens im Alleingang. Er rannte sich dann frei. Dass er dabei auch mal einen Bocksprung machte, erlaubte er sich ja erst ab dem Alter von 19 Jahren.

Aber es kam wie prophezeit. Milan fühlte sich von Anfang an zu 110 Prozent für den kleinen Makani verantwortlich, beschützte und verteidigte seine Stute und seinen Sohn vehement. Sein Vaterherz ging auf in genau dem Moment, wo er den kleinen Fohlenwurm noch etwas hilflos die ersten Schritte um seine Mutter herumstaksen sah. Er wurde fast hysterisch, wieherte immer wieder dunkel dem kleinen Pferdemann zu und sorgte sich, ob es auch allen gut gehen würde. Seitdem lässt er ihn nicht mehr aus den Augen. Er hat Makani gegenüber noch nie drastische Maßregelungen ausgedrückt, hat sehr geduldig seine Spielversuche und Attacken akzeptiert und angemessen darauf reagiert. Makani ist Milan und Mouna anfangs sehr gerne aus vollem Galopp in die Seite gerannt, hat sie spielerisch von allen Seiten bestiegen, beknabbert oder anderweitig belästigt. Mouna hat manchmal schon etwas deutlicher, aber immer noch liebevoll eine Grenze gezogen. Milan jedoch hat sehr viel ausgehalten, weil er seinen Sohn liebt und toll findet. Er meint auch, dass Makani sich ausprobieren sollte und Schritt für Schritt von ihm lernen darf, wie man sich als Pferdemann verhält. Es macht aus Milans Augen alles Sinn, was Makani macht und wie er darauf reagiert. Er gibt Makani Raum, sich zu entwickeln, und wacht dabei über ihn.

Als Makani noch sehr klein war, wartete ich immer darauf, dass Milan endlich ins Spiel einsteigen und mit ihm richtig balgen würde. Ich wartete auch sehr darauf, dass Milan anfangen würde, zu steigen. So wie er es in seiner Prophezeiung gezeigt hatte. Ich wartete darauf, weil sich Milan das nie getraut hatte in unseren Spielen. Er rannte, sprang, bockte. Aber er stieg nie. Ich wünschte mir so sehr, meinen kraftvollen Milan steigen zu sehen, weil ich fand, dass er genau dort oben hingehörte. Stolz, aufstehend, Kraft demonstrierend. Pferde, die gern spielerisch steigen, empfinden das meistens als belebend und als förderlich für ihr Ego. In meinen Augen wäre es Gold wert für Milans Seele, sich diese männliche Geste zu erlauben. Und er hatte auch angekündigt, dass er das Steigen für sich entwickeln wollte.

Als es anfangs ausblieb, fragte ich immer mal wieder bei ihm nach, wann es endlich so weit wäre. Milans Antwort war immer dieselbe: „Erst wenn Makani groß genug ist. Solange er noch so klein ist, wäre es unfair ihm gegenüber, sein Steigen zu erwidern. Es wäre gefährlich. Er muss noch wachsen." In meinen Augen hätte Milan das schon eher machen dürfen, denn Makani stieg ihn fast täglich an. Aber ich bin kein Pferd und schon gar kein Pferdemann, und so durfte ich täglich neu lernen, wie ein Pferdevater seinem Sohn das Spielen beibringt: Nicht indem er dem Kleinen gegenüber seine überlegene Kraft demonstriert, sondern indem er ihn sich ausprobieren lässt, mit ihm rennt und ihn ausschließlich dann als spielerischen Kampfpartner akzeptiert, wenn das körperlich ausgeglichen gehen kann. Auf Augenhöhe eben. Milan bringt Makani auch gewisse Bewegungsabläufe bei, ich konnte mehrmals dabei zusehen, wie Makani ihn wie seinen kleinen Schatten kopierte und nachahmte, was Milan vormachte. Milans unglaubliche Körperbeherrschung und Fähigkeit, aus allen Situationen heraus auf der Hinterhand kehrtzumachen, um dann einen kräftigen, langsamen oder schnellen Galopp zu starten, die hatte ich immer seiner Westernausbildung zugeschrieben. Aber ich sehe nun an Makani, dass solche Körperbeherrschung sich durch ein Erlernen unter den Pferden bedingt. Natürlich ist das so! Aber auch für mich tun sich immer neue Dimensionen auf und auch ich muss immer wieder aus dem alten Irrglauben aussteigen, dass Menschen die Bewegungen und körperlichen Leistungen der Pferde bestimmen sollten. Ich glaube sogar, dass das gängige Vorgehen, die abgesetzten Fohlen, Jährlinge und Jungpferde ausschließlich in Herden Gleichaltriger zu halten, keine sehr gute Idee für die körperliche Entwicklung dieser Pferde ist. Es fehlt dann an Vorbildern, um sich auszuprobieren und eine eigene Bewegungssicherheit zu erlangen.

Ich durfte viele Wettrennen der beiden beobachten, viele Kabbeleien mit Einsatz von Kopf und Hals. Erst später kam das gegenseitige Beinzwicken dazu, dann auch das „Im-Kreis-Drehen" dabei. Und erst seit Makanis elftem Lebensmonat geht Milan mit den Vorderbeinen im Spiel auch mal etwas hoch. Steigen konnte man es noch nicht so recht nennen, eher ein kurzes Auf-die-Hinterbeine-Stellen. Aber endlich durfte ich das sehen!

Ich weiß nun auch, wie Milan es meinte, dass es vorher unfair gewesen wäre. Milan verlagert sein Gewicht nur kurz auf die Hinterhand und hebt die Vorderhand nur maximal einen halben Meter vom Boden ab, während Makani sich fast vollständig vor ihm aufrichtet, um dabei auf Augenhöhe zu bleiben. Makani war vorher einfach zu klein, als dass die beiden sich hätten ansteigen können. Milan wäre wie ein großes T-Rex-Monster vor ihm aufgebäumt gewesen und hätte den Kleinen bloß verschreckt, was zur Folge gehabt hätte, dass Makani sich gemerkt hätte, dass Steigen eher zu unterlassen wäre. Und so hilft Milan ihm, aufzuwachsen und an seine Körpergröße angemessenes Spielverhalten zu trainieren. Ich kann gar nicht sagen, wie sehr mich das berührt und wie unfassbar liebevoll dieses Verhalten ist. Ich wünschte, jeder menschliche Vater würde das auch so für seinen Sohn leisten wollen.

So gerührt ich auch bin, so sehr versuche ich immer wieder neu nachzufragen, ob alle pferdischen Mitglieder meiner Herde die Situation so wirklich immer noch gut finden. Ob Milan nicht zu angestrengt sei. Denn er ist immerhin schon 22 geworden dieses Jahr und sein Schweif sieht aus wie ein neumodischer Stufenschnitt, dank Makanis scharfer Babyzähne. Aber es bleibt dabei, die Dreierfamilie ist genau so glücklich, niemand ist über- oder unterfordert. Der Zugewinn für alle bleibt sehr deutlich. Nicht nur lernt Milan gerade, sich das Steigen zu trauen, er traut sich auch noch andere Dinge, die er vorher aus falscher Verhaltenheit nie getan hätte.

Milans Frustration über das, was Menschen alles an ihm ausprobiert hatten, war anfangs groß. Er hatte sich ein paar Prinzipien hinter die langen Ohren geschrieben, von denen er im Leben nicht mehr abweichen wollte. Eins davon war, niemals eine wirklich innige Beziehung zu einem Menschen aufzubauen. Noch eins war, nie wieder auf dem Reitplatz zu „arbeiten". Ein anderes war, nichts Neues mehr von Menschen lernen zu wollen in Bezug auf Reiten oder Bodenarbeit oder was man ebenso „macht". Er hatte so eine strikte Weigerung diesbezüglich, dass wir schon so manche Momente hatten, in denen sein Dickkopf aus Stahl das letzte Wort hatte. Einmal wollte ich doch einfach nur mal testen, wie er auf verschiedene, gebisslose Zäumungen reagiert. Dafür wäre ich gern, nach Jahren des Verzichts, nur ein paar Runden auf dem Platz geritten. Keine Chance! Rückwärtsgang war alles, was ging.

KAPITEL 23
MUT FÜR NEUES

Makani jedoch hat keine dieser Blockaden, er begegnet dem Leben freudig und offen. Er hat Lust, Dinge richtig zu machen, und freut sich sehr, wenn ich ihn lobe. Er ist stolz auf sich, wenn er etwas schafft und sich Neues traut. Er liebt Herausforderungen, solange er sich dabei sicher mit mir fühlen kann. Ich kaufte eine Pferdewippe, weil ich wollte, dass Makani trittsicher wird und sich bewegende Untergründe kennenlernt für eventuelle Transporte. Ich wollte, dass er lernt, sich selbst auszuprobieren, und dass er Erfolgserlebnisse hat. Dieses kleine Pferd betrat die Wippe schon mit wenigen Monaten, frei und sehr freudig, nur durch Lob und Leckerlis motiviert. Er lernte sogar recht schnell, wie man sich mit allen Vieren daraufstellt, ohne zu kippen. Er liebt diese Wippe und steigt heute freudig darauf, wenn man in die Nähe kommt.

Die Elternpferde waren natürlich immer dabei und nicht weggesperrt, wenn ich das mit Makani frei übte. Sie fanden, dass sie sich dabei auch ein paar Leckerlis bei mir abholen konnten. Aber leisten wollten sie dafür nichts. Mouna hat generell keine Lust auf Aufgaben und muss nicht gefallen. Milan hielt sich erst noch fern von der Wippe, sie war ihm unheimlich und er wollte auf keinen Fall, dass hier gegen seine strengen Prinzipien verstoßen würde und ihn jemand aus Versehen noch dazu überreden wollte, auf das Ding zu steigen. Also hielt er sicheren Abstand, sah aber immer sehr genau zu, wie Makani das machte. Ich erwartete wirklich nichts und rechnete auch gar nicht damit, dass Milan jemals Interesse daran zeigen würde. Für mich ist es verständlich und völlig in Ordnung, dass er nichts Neues mehr lernen möchte, und ich zolle ihm diesen Respekt, ihn nicht für meinen Bedarf an Kasperkram zu missbrauchen. Abgesehen davon hatte ich noch nie viel Spaß daran, Tiere zu dressieren, obwohl das kurzzeitig sogar mein Beruf war. Zu wenige der Tiere, die dressiert werden, haben tatsächlich Spaß daran. Es gibt welche, aber andere sind eben wie Mouna: nein, danke.

Entgegen meiner Erwartung näherte sich Milan irgendwann doch, wenn ich mit Makani arbeitete. Erst um nur danebenzustehen. Irgendwann drängte er sich förmlich auf und ich brauchte ein wenig, um zu kapieren, warum: Er wollte auf die Wippe. Als er sich dann überwand, tat er den Schritt darauf mit solch einer selbstgefälligen Genugtuung, dass es witzig war. Er betrat das Teil mit der Aussage: „Nur damit niemand meint, ich könne so etwas nicht. Das mache ich mit links, früher habe ich dauernd neue Dinge gelernt!" Selbstverständlich lobte ich meinen tollen Milan in den höchsten Tönen dafür, dass er einstieg in unseren Spaß. Er hatte tatsächlich auch Spaß daran und stand sehr gern mit beiden Vorderbeinen auf dem Teil. Er gefiel ihm sehr, damit etwas größer zu sein und über meinen Kopf hinweg in die Weite blicken zu können. Er genoss das Lob außerordentlich. Denn tief in Milan steckt auch dieser spielerische, Lob genießende Pferdetyp, den Makani so deutlich zeigt. Man hatte es ihm nur mies gemacht mit dieser ständigen Erwartungshaltung. Es war ein magischer Moment für mich, als Milan sich das traute. Allein schon, dass er auf Zuruf zu uns Menschen kommt, obwohl er keinen Hunger mehr hat, ist eine ganz besonders schöne Entwicklung. Bis heute macht er das nur, wenn er gute Laune hat und vorher einmal darüber nachdenken konnte. Danach kam irgendwann der Mut, zu uns zu kommen und Interaktion in Form von Kraulen einzufordern. Dies tat er dann auch sehr vehement und schob Menschen behutsam, aber deutlich mit seinem Rumpf in die richtige Kraulposition. Dass er nun sogar kam, um Interaktion im Spiel einzufordern und dann auch noch Neues auszuprobieren, war sensationell. Seine Prinzipien zu überdenken, die ihm so viele Jahre so viel Sicherheit und Überlebensfähigkeit gegeben hatten, war ein sehr großer Schritt für meinen reifen Pferdemann.

Milan spielt gerne mit mir, aber bisher konnte er sich dabei nicht vorstellen, Neues zu lernen. Er genießt es, um mich herumzurennen, sich frei longieren zu lassen. Er zeigt sich dann sehr stolz. Er schmeißt außerdem gern Objekte um, die vor ihm stehen, das liebt er sogar. Abbauen nenne ich das. „Das kann jetzt weg. Weg damit", sagt er dabei und findet es genugtuend, Dinge aus dem Weg zu räumen. Klar, denn seinen Weg gehen kann er sehr gut.

Er mag es auch, durch enge Durchgänge zu preschen. Sich freizumachen. Ausbrechende Bewegungen liebt er. Er muss aus Prinzip auf die Weide galoppieren, wenn sie geöffnet wird und vorher eine andere Wiese offen war. Er ist ungeduldig, wenn jemand nicht schnell genug Platz macht. Das Abbauen findet er also klasse. Eine andere Sache, die er immer schon gern macht, ist Freispringen. Damit ist nicht das übliche Drücken der Pferde über Hindernisse gemeint, die in einem Tunnel aufgebaut sind, dass ein in Fahrt gekommenes Pferd keine Wahl mehr hat, als drüberzuspringen. Sondern Freispringen ist bei uns wirklich frei: Es steht ein Hindernis auf einer langen Seite des Reitplatzes und Milan darf darüber springen, wenn er es möchte. Ich animiere ihn vielleicht zum Spielen, indem ich selbst kreuz und quer über den Reitplatz renne, ähnlich einem spielenden Pferd. Aber niemals so, dass ich Milan fixieren und treiben oder drücken würde, sondern ganz bewusst von ihm weglaufend. Er nimmt die Energie des Spiels dann auf, so wie auch Pferde es untereinander auf der Weide tun, und entscheidet dann selbst, ob er springt oder daran vorbeiläuft. Einmal konnte ich sogar ein Video davon machen, wie er vor mir stand und ich ihm ankündigte, das nun zu filmen, damit viele Menschen ihn bewundern könnten. Er machte aus dem Stand aus der Hinterhand kehrt und galoppierte ohne Umweg mit Anlauf auf den Sprung zu, um dann vorbildlich darüberzuspringen. Hinterher machte er kehrt und fragte: „Und? Wie war ich?" Das Video war sehr beliebt auf meinen Kanälen.

Dinge, die man Milan nicht aufzwingen oder ihm neu beibringen möchte, macht er also sehr gern und mit Enthusiasmus. Dass er sich entschieden hatte, eine Pferdewippe neu kennenzulernen, macht mich froh. Und ihn auch. Ein glückliches Pferd zeichnet sich für mich dadurch aus, dass es Raum hat, eigene Entscheidungen zu treffen. Aus dieser selbstbestimmten Motivation heraus kann es sich dann ausprobieren und erleben, wie es etwas schafft. Oder aber es kann aus seiner eigenen Überzeugung immer wieder „Nein, danke" zu fast allem sagen, was Mensch ihm an Entertainment bieten kann, so wie Mouna. Ein glückliches Pferd hat Mitspracherecht. Es darf sagen, was es machen oder lassen möchte, und es darf seine Persönlichkeit entfalten und entwickeln. Es darf Raum haben, aus dem heraus es selbst definieren kann, inwiefern es seinen Raum mit dem Menschen teilen möchte. Es ist faszinierend, wie anders die Freundschaft mit solchen Pferden ist. Das Gefühl, wenn Milan mich aus Überzeugung und ohne Ansporn meinerseits durch unseren nächsten Rennrekord trägt, ist so anders als auf einem gehetzten Pferd zu sitzen, welches aus Angst rennt. Es bringt eine große Sicherheit mit sich, denn ein sich aus Eigenmotivation heraus bewegendes Pferd hat eine Selbstsicherheit, die ein willenlos dressiertes Pferd nie haben wird. Und so fühle ich mich auch, wenn Milan pfeilschnell mit 50 Stundenkilometer mit mir durch die Landschaft prescht: sicher.

Die Motivation, Dinge selbst zu entdecken und auszuprobieren, ist in meinen Augen der maßgebende Faktor für sich entwickelndes Selbstbewusstsein. Der größte Fehler in der klassischen Pferdeausbildung ist, das Pferd um den Moment zu berauben, selbst über die neu zu lernenden Dinge nachdenken zu dürfen, bevor sie ausgeführt werden. Es ist wichtig, einem Pferd ein „Nein! Das möchte ich nicht" zuzugestehen und es für den Moment dabei zu belassen. Denn vielleicht sagt es am nächsten Tag „Ja, heute schaffe ich es!" zu der Herausforderung. Ein selbst entschiedenes „Ja!" verbunden mit dem Erfolgserlebnis, die Aufgabe zu meistern, bringt jedem Wesen einen Rausch des Selbstbewusstseins. Ich weiß noch, wie es sich anfühlte, als ich mich nach einigem Zögern beim x-ten Mal doch getraut habe, vom Sprungbrett ins Wasser zu springen. So geht es Pferden und anderen Wesen auch, wenn sie etwas aus eigenem Willen schaffen. So stolz, wie Makani schaut, wenn er etwas Neues selbstbestimmt geschafft hat, so sollte sich jedes Pferd fühlen dürfen, wenn es gemeinsam mit seinem Menschen Neues lernt. Es soll Spaß machen. Aus Spaß wird Motivation. Aus Motivation wird Selbstbewusstsein. Aus Selbstbewusstsein wird Selbstsicherheit.

KAPITEL 24
DIE SELBSTBESTIMMTHEIT

Seinem Pferd Mitspracherecht einzuräumen, das ist vielen erst mal ungeheuer. Sie glauben, dass ein Pferd dann eh immer nur „Nein" sagen würde oder „Ich geh' grasen". Viele Menschen haben noch nicht verstanden, dass es auch bei Pferden viel mehr zu sagen gibt als nur „Ja" oder „Nein". Ein Pferd kann durchaus auch „Eigentlich ja, aber ich weiß nicht, wie" sagen. Oder „Prinzipiell nein, aber ich lasse mich gern darauf ein, dass du mir zeigst, was gemeint ist, und überdenke es dann noch einmal". Der echte Dialog mit einem Pferd enthält alles, was auch zwischen Menschen möglich wäre. Einmal hatten wir ein sehr traumatisiertes, angeblich unreitbares Pferd in der Pferdeflüsterer-Ausbildung dabei. Seine Besitzerin war eigentlich kein typischer Pferdemensch und hatte, zum Glück, nur wenig Ahnung von Pferdeausbildung. Ihr riesiger Wallach wünschte sich, sie zu tragen. Erst konnte sie das nicht glauben, da er ein paar ernsthafte Verwachsungen der Beine hatte. Doch er blieb dabei und sie ließ sich darauf ein. Die früheren Reitversuche steckten ihm noch in den Knochen und er wusste, dass er vieles davon so nicht mehr

wollte. Er brauchte absolute Freiheit und die Möglichkeit, selbstbe-
stimmte, kleine Schritte dabei zu gehen. Sein Weg war es, seine
Menschenfrau ohne jegliche Ausrüstung ganz frei stehend auf den
Rücken zu bekommen. Sie konnte ihm vertrauen, der Weg und der
Prozess dahin waren lang und ausgiebig besprochen worden.

Als wir dann auf dem Platz standen und es wirklich passieren
sollte, stellte ich immer wieder die Aufstieghilfe neben ihn, damit
seine Menschin auf ihn klettern konnte. Doch er war zu nervös,
drehte sich immer wieder davon weg. Normalerweise ist das ein
Zeichen, dass ein Pferd doch noch nicht bereit ist, seinen Menschen
auf dem Rücken zu tragen. Ich fragte also nach: „Was ist los? Möchtest du doch nicht?" Und er: „Doch, doch. Aber so nicht. Nimm
das Ding weg, das finde ich blöd. Es erinnert mich an früher. Schnapp
sie dir einfach und dann wirf sie auf meinen Rücken!" Gesagt, getan.
Die Trittleiter kam weg. Ich vertraute ihm voll und ganz, so auch
seine Menschin. Sie war eher die kleine Variante und ich bin groß
und stark, also hob und schob ich sie recht schnell auf ihr Pferd. Er
tat dabei keinen Schritt. In dem Moment, in dem sie auf ihm saß,
war er unfassbar stolz. Sie strahlte über beide Ohren und er war aufgeregt, aber selbstsicher dabei. Er tat keinen einzigen unbedachten
oder nervösen Schritt, schluckte fleißig Leckerlis dabei und traute
sich dann sogar, ein paar Schritte mit ihr zu machen, während er mir
langsam und frei folgen durfte. Es war rührend! Wir schafften es
sogar, ein paar Fotos davon zu machen. Diese kleine, lachende Frau
auf diesem riesigen, frohen Pferd. Das ist ein Bild, das ich nie vergessen werde, und eines, das sinnbildlich steht für den Grund meiner
Arbeit. Heute reiten die beiden am langen Zügel ohne Gebiss und
Sattel durch die Natur.

Der Weg zu einem glücklichen Pferd ist also vielfältig in seiner
Ausführung und in seinem Verlauf. Immer jedoch beruht er auf dem
gegenseitigen Verständnis, der Kommunikation auf Augenhöhe und

dem Mitspracherecht. Sodass Freiwilligkeit, Mut und Erfolgserlebnisse ihren Platz finden, ohne dass Druck entstanden wäre.

Die Pferdegespräche, die ich führe, haben immer diesen Sinn, mehr Verständnis zwischen Pferd und Mensch zu schaffen. Es ist mir das wichtigste Anliegen, den Horizont eines jeden Menschen zu erweitern, der sich traut, hinzuhören, was sein Pferd zu sagen hat. Es geht mir dabei nicht nur darum, ein gutes Verhältnis und eine bessere Bindung zwischen den beiden zu schaffen, sondern auch darum, dem Pferd ganzheitlich zu helfen. Denn je besser man ein Pferd hört und respektiert, umso gesünder und glücklicher kann es sein. Es ist wichtig, zu verstehen, dass Glücklichsein für ein Pferd bedeutet, entspannt sein zu können.

Ein glückliches, entspanntes Pferd kann sich zu Hause fühlen und sein Pferdeleben leben, ohne ständig in Alarmbereitschaft oder in Antizipation einer neuen, unangenehmen und stressigen Situation zu verharren. Pferde sind bekanntermaßen Fluchttiere und reagieren auf unsichere Situationen mit einer gewissen Anspannung, die körperlich und psychisch Huf in Huf geht. Ob die unsichere Situation physisch oder psychisch vorhanden ist, macht oftmals gar keinen Unterschied, sodass sich der Körper in seiner Verspannung so oder so in ungesunde oder sogar krankhafte Umstände bringt. Ganz egal, ob der Grund ein stressiger Arbeitsplatz seines Menschen oder ein tyrannisches Pferd in seiner Herde ist. Manche Pferde hatten eine so traumatische Pferdekindheit und -jugend, dass sie eine gewisse Grundspannung schon mitbringen und durch ihr ganzes Leben tragen, bis ihnen mal jemand sagt, dass sie loslassen dürfen. Dieses unangenehme, verspannte Gefühl ist fast immer begleitend in den Pferdegesprächen, in denen es um Problematiken in Bezug auf das Handling des Pferdes durch den Menschen geht.

Meistens ist es für ein Pferd ein Segen, dass diese Probleme überhaupt auftreten und dass es sich traut, dieses Unwohlsein überhaupt zu zeigen. Denn die meisten Pferde haben in ihrem Leben bereits sehr deutlich gemacht bekommen, dass sie gleichzeitig auf der Hut sein, aber nichts davon nach außen zeigen sollten, wenn sie mit Menschen umgehen. Die meisten Trainingstechniken zielen darauf ab, ein Pferd psychisch unter Stress zu setzen, ihm keine Wahl zu lassen und sich zu fügen, damit es dann widerstandslos den Befehlen folgt. Manche nennen das „erlernte Hilflosigkeit". Innerlicher Stress gepaart mit äußerlicher Abschaltung ist extrem krank machend, übrigens nicht nur für Pferde. Auch wir Menschen kennen uns damit wunderbar aus, wenn wir gewissen Anforderungen an unser Verhalten und unsere Leistung ausgesetzt sind, die uns eigentlich widerstreben. Der große Unterschied ist bloß, dass wir es selbst in der Hand haben, unser Leben zu verändern. Wir können unseren Job schmeißen. Ein Pferd aber kann nur rebellieren. Diese Rebellion endet in den meisten Fällen mit dem Tod des Pferdes: Es wird als gefährlich, unmöglich zu handhaben, unberechenbar und böswillig abgestempelt und „muss weg". Pferde wissen das natürlich. Ihre Wahl ist also der drohende Tod mit eventuell kleiner Chance auf einen Ausweg dorthin, wo man es respektiert oder die absolute Resignation mit höchstwahrscheinlich folgender Krankheit, auf jeden Fall aber fehlender Lebenslust.

Eine ganz wichtige Erkenntnis in Bezug auf Krankheiten aus den Tausenden von Tiergesprächen, die ich über die Jahre geführt habe, ist diese:

Selbst in der klassischen Medizin oder in der westlichen Sichtweise auf Krankheiten ist mittlerweile angekommen, dass manche Krankheiten in direktem Bezug zur Psyche stehen, also psychosomatisch sind. So wie zum Beispiel Bandscheibenvorfälle direkt mit erhöhtem Stress am Arbeitsplatz in Verbindung gebracht werden und zu einer Psychotherapie geraten wird. Darüber hinaus aber haben mich die Tiere gelehrt, dass immer alles in Verbindung steht. Dass es so etwas wie eine rein körperlich bedingte Krankheit gar nicht gibt und dass auch ein psychisches Leiden den Körper nie ganz unbeteiligt lässt. Es fängt schon bei ganz simplen Beispielen an. Viele von uns kennen Bauchschmerzen vor Prüfungen oder Kopfschmerzen nach zu viel Kopfleistung. Ein ständig gestresster Bauch kann zu einer chronischen Verdauungskrankheit führen und ein ständig überforderter Kopf bekommt vielleicht Migräne.

Aber es geht viel weiter als das. Wenn Anfänger lernen, mit Tieren zu sprechen, versuchen sie oftmals, auch in den Körper des Tieres zu spüren. Anfangs ist es schwer, alle Eindrücke zusammenzufügen und ein ganzheitliches Gespräch zu führen. Ich vergleiche das gern mit dem Lernen von Klavierspielen: Erst lernt man die einzelnen Tasten und dann übt man sich, diese in der gewünschten Reihenfolge zu drücken, sodass eine Melodie entsteht. In den Gesprächen ist dann der körperliche Eindruck erst mal nur eine Taste, die gedrückt wird, bevor man die ganze Melodie hören kann. Und so äußern manche Menschen, die mit traurigen Tieren zum ersten Mal sprechen, ein Gefühl von Druck auf der Brust. Sie wissen dann manchmal noch nicht, dass hierzu eine Emotion gehört. Enge, eventuell sogar erschwertes Atmen. Schmerzen im Hals- und Brustbereich. So fühlt sich das Traurigsein körperlich an. Es ist körperlich spürbar und fühlt sich fast immer ähnlich an. Es ist kein eingebildetes Gefühl im Körper und auch keins, was zu ignorieren wäre, wenn es (noch) zu keiner Diagnostik passt. Es ist echt und auch physisch, sodass sich ein körperliches Symptom daraus entwickeln kann. Jemand, der vor Trauer über längere Zeit kaum Platz in der Brust hat, dem das Herz gebrochen wurde, der kann tatsächliche, zu diagnostizierende Krankheiten oder Leiden daraus entwickeln. Vielleicht entzündet sich aus der andauernden Verkrampfung ein Herzmuskel oder etwas ganz anderes.

Wie oben beschrieben halten sich unglückliche Pferde oftmals in einer gewissen Anspannung aus Unbehagen und Unsicherheit, die sich körperlich äußern kann. Ich habe unzählige Pferdegespräche geführt, in denen das Lahmen oder die Gangprobleme damit zu tun hatten. Daraus resultieren dann wieder neue Probleme, denn Schonhaltungen kreieren ein Ungleichgewicht im Bewegungsapparat. Auch Pferde, die so eingenordet wurden, dass sie sich kaum mehr aus eigenem Antrieb bewegen mögen, erleiden aus der Bewegungslosigkeit viele körperliche Probleme. So wie ein depressiver Mensch, der nur noch im Bett liegen mag, auch körperlich dadurch abbaut und krank werden kann. Natürlich gilt dies auch für Pferde, die sich aus anderen Gründen nicht genug selbstbestimmt und froh bewegen können.

Körper und Psyche stehen also immer im direkten Bezug zueinander. Sie bedingen sich gegenseitig. Ein glückliches Pferd ist oftmals ein gesundes Pferd. Andersherum ist es leider nicht ganz so leicht, denn eine mit unseren Mitteln definierte körperliche Gesundheit ist selten das einzig Erstrebenswerte für ein gebeuteltes Pferd. Um sein Pferd langfristig gesund zu bekommen und zu halten, sind nicht nur die Haltungsbedingungen und die Fütterung wichtig. Viel wichtiger ist es, seine Gefühlswelt, seine Bedürfnisse und seine Ansprüche an das Leben und seine engsten Herdenmitglieder zu kennen und sich mit ihm darüber austauschen zu können. Denn wer sich gehört fühlt und wer lernt, dass sein Zustand jemanden interessiert, der ihm nahesteht, der fühlt sich sicher und gut. Pferde sind soziale Wesen, genau wie wir.

Um noch etwas tiefer in die Idee von Krankheit in Verbindung zum Glücklichsein von Pferden einzusteigen, ist es aber noch wichtiger, zu verstehen, was Pferde sich aus Krankheit machen. Erst mal ist es wichtig, zu erwähnen, dass ich niemals pauschal für alle Pferde spreche, denn jedes hat seine individuelle Sichtweise. Jedoch ist es mir vermehrt untergekommen, dass die menschliche Idee von Krankheit nicht mit dem übereinstimmt, was das Pferd im Gespräch äußert. Menschen denken meistens, dass Krankheit etwas sei, was es unbedingt zu vermeiden gilt. Krankheit ist schlecht, ein Missstand. Etwas, das weggemacht werden muss. So funktioniert ja auch unsere Medizin: Da ist ein Symptom, wir machen es weg. Schmerzen werden mit Schmerzmitteln behandelt. Behandlungen und Medikamente zielen meist darauf hin, das Symptom wieder verschwinden zu lassen, ohne danach zu schauen, woher es kam. Das ist, als würde man den Schimmel an der Wand immer wieder überstreichen, anstatt die Feuchtigkeit im Fundament des Hauses trockenzulegen. Das ist eine vorübergehende Lösung. Gerade in der Pferdewelt ist dieses Vorgehen sehr beliebt, um das Pferd wieder benutzbar zu machen. Wenn man es nicht schafft, das Krankheitssymptom beim Pferd abzustellen und es aus menschlicher Sicht ein akutes Leiden darstellt, sind viele Menschen schnell bei der Schlussfolgerung angekommen, dass das Leben dann auch nicht mehr lebenswert sei für dieses Pferd.

Das ist meistens falsch.

Ich vergleiche das gern mit mir selbst: Nur, weil ich akute Knieprobleme habe und seit meiner Kindheit immer wieder Phasen des Humpelns habe, in denen ich kein Fahrrad fahren oder lange laufen kann, heißt das nicht, dass ich sterben möchte. Und selbst wenn mir jemand morgen eröffnete, dass ich sterbenskrank sei und bloß noch ein paar Monate zu leben hätte, dann würde ich mich nicht an Ort und Stelle einschläfern lassen wollen, selbst wenn ich es könnte. Auch nicht, wenn ich „nur noch leiden" würde.

Wer sind wir denn, das so zu beurteilen für ein Tier?

Nein, ich würde die letzten Monate ganz bewusst nur noch so leben, wie ich es wirklich möchte. Ich würde dafür sorgen, dass meine Liebsten alle wissen, was mir an ihnen liegt. Ich würde aufräumen in meinem Leben und mich mit größtmöglichem Frieden und maximal erlebter Freude verabschieden wollen. Selbst den letzten Prozess der Schmerzen und des Unwohlseins würde ich erleben wollen, um mich wirklich ganz aus meinem Körper zu verabschieden.

Den meisten Tieren geht es ähnlich. Pferde sind Bewegungstiere, aber solange sie sich noch irgendwie bewegen können, und sei es langsam oder beschwerlich, möchten die meisten von ihnen auch noch leben. Sie erfreuen sich dann kleiner Dinge im Leben so wie die Aussicht auf andere, spielende Pferde oder Gras und Sonne oder an einem warmen Strohbett und ganz besonders daran, ihren Menschen zu sehen und mit ihm sein Leben teilen zu können. Das gilt oftmals auch für andere Krankheiten, die anders einschränken: Nur, weil es sie gibt, fühlen sich viele Pferde nicht minder wert oder ungesund oder als wäre das Leben so nicht richtig. Krankheit gehört zum Leben. Ohne Leid kein Glück. Ohne Plus kein Minus.

Krankheit ist oftmals aus Pferdesicht nichts, was sich um jeden Preis vermeiden lassen sollte. Viele Pferde wurden bereits so überdiagnostiziert und so überbehandelt, dass es sie nervt, nur noch als Patient gesehen zu werden. Wir kennen das alle: Ist das Pferd krank, kommt man mit riesigen Adleraugen in den Stall und kann gar nicht anders, als akribisch zu analysieren, wie sehr sich das Symptom heute zeigt und ob es schon besser geworden ist. Viele Pferdebesitzer finden sich in einer nie endenden Spirale von Beobachtung und Behandlungen wieder. Und das Pferd hofft einfach immer nur, dass man mal 10 Minuten entspannt miteinander grasen gehen kann, ohne dass geschaut wird, wie es die Hufe aufsetzt. Es möchte Qualitätszeit mit seinem Menschen verleben, nicht als Kranker gesehen werden. Unser Verhalten ist mehr als verständlich: Es wurde uns eingebläut, dass wir verantwortlich dafür sind, wie es dem Pferd geht. Wir haben alle Möglichkeiten an der Hand und müssen nur die richtige für das Pferd auswählen und leider auch bezahlen können. Also finden wir uns in diesem unendlichen Kreislauf wieder. Dabei wollen auch wir lieber unbeschwerte Zeiten erleben. Aber das wäre ja egoistisch, oder? Dass es neben der Krankheit noch viel mehr gibt, was unser Pferd definiert, vergessen wir dann manchmal.

Es ist überaus häufig der Fall, dass, wenn ich solche austherapierten Pferde („Sie sind unsere letzte Hoffnung!") zu sprechen bekomme und ich dann als Allererstes mal durchleuchten soll, wie es dem Pferd körperlich so geht, ich eine klare Grenze vorgesetzt bekomme: „Du bist die Hundertste, die das versucht. Ich möchte das nicht. Es hat sich ausdiagnostiziert. Bitte respektiere das. Hier, guck mal, wie toll meine Mähne im Wind fliegt! Ich fresse am liebsten den frischen Löwenzahn." Meistens bekomme ich es trotzdem hin, dass das Pferd sich auch zu den wichtigen Körperdingen äußert. Aber nie, ohne dass es klar gemacht hat, wie wichtig ihm dieser Teil seines Lebens selbst ist und ob er den Krankheitsanteil überhaupt behandelt haben möchte oder nicht. Für manche Pferde machen Krankheiten sogar Sinn und sie haben verstanden, dass sie sie zu einem bestimmten Zweck bekommen haben. Dann wollen sie sie auch nicht loswerden. Und wenn es nur zu dem Zweck ist, sich einen schnellen Ausgang aus dem Leben zu erkaufen.

KAPITEL 25

FLORAS HEILUNG

Ich möchte hier nun aber ein paar positive Fallbeispiele beschreiben von Pferden, die durch das Pferdegespräch glücklicher und gesünder wurden, und mit ihnen ihre Menschen. Ein besonders rührendes Beispiel ist die kleine Eselstute Flora.

Vor ein paar Jahren sprach ich mit einer Eselin und ihrem blutjungen Fohlen Flora. Die Kleine wurde von einem Artgenossen übel zugerichtet und kam als absoluter Notfall in eine Pferdeklinik. Man bat mich um Hilfe, als sie bereits in der Klinik war. Sie hatte eine große Wunde am Hals, verlor ein Auge, und ein Gelenk am Vorderbein entzündete sich stark aufgrund der im Körper wütenden Bakterien. Der Knochen zersetzte sich bereits massiv. Sie lag da, stand tagelang nicht auf und im Ärzteteam war man sicher, dass sie es nicht schaffen würde, dass ihr Leben nicht lebenswert wäre mit diesem Bein. Man hätte Knochenteile aus dem Gelenk gespült, das Gelenk würde versteifen und es dem Esel unmöglich machen, zu gehen.

Die Klinik gab das Fohlen auf und weigerte sich, das Tier weiter zu behandeln, bestand auf Einschläferung. Es wäre Tierquälerei, sie am Leben zu erhalten. Ich sprach mit ihr. Sie sagte, dass sie zwar schwach sei und Hilfe brauchte, um all die giftigen Stoffe aus dem Körper zu bekommen, aber dass sie leben wolle. Und dass sie nach Hause wollte, um Frieden zu finden. Von Anfang an hatte dieses Eselfohlen eine unglaublich liebliche, unaufgeregte, friedliche Art, mit der Situation umzugehen. An keinem Punkt wehrte sie sich gegen ihr Schicksal. Sie blieb immer bei sich, war schwach, dennoch stark. Sie kämpfte nicht, sie ließ es geschehen, ungebrochen und von der Dramatik unbeeindruckt. Sie fand, dass sie auch mit einem sich versteifenden Vorderbein, mit nur einem Auge leben könnte. Und wenn sie einschlafen würde, um nie wieder aufzuwachen, wäre das auch völlig in Ordnung für sie. Sie war einfach ein Schatz, voller Liebe und Akzeptanz.

Glücklicherweise tat ihre Besitzerin alles für die kleine Eselstute, sodass sie nach Hause durfte. Ein ganzes Team kümmerte sich um Flora. Ich betreute sie nach mehreren Tiergesprächen mit ihr und der Mutterstute mit täglichen Energiebehandlungen, um sie stabil zu bekommen. Die Menschen drumherum stritten sich um Sinn und Verstand, doch die kleine Eselin nahm sich ihre Zeit. Schon am ersten Tag zu Hause stand sie auf, trank bei der Mutter und aß ein bisschen mit. Sie lief tapfer, dann entzündete sich auch das andere Bein. Die Angst war groß, dass auch dieses Bein im Knochen angegriffen war. Ich behandelte weiter, sie nahm jeden Tag dankbar und intensiv die Energiebehandlungen an. Ein neuer Tierarzt kam dazu, er fertigte 10 Tage nach den ersten Aufnahmen mehrere Röntgenaufnahmen an und, oh Wunder, es war kein Knochenfraß mehr vorhanden. Weder am neu entzündeten Bein noch am anderen. Sie war über den Berg.

Ich weiß nicht, ob einfach ein medizinischer Irrtum vorlag. Ob die ursprünglich so eindeutigen Bilder aus der Klinik einfach falsch interpretiert worden waren und das Knochenteil gar kein Knochen war. Oder ob die Energieheilung wieder einmal das geschafft hatte, was sie ausmacht: die Gesetze der klassischen Wissenschaft ignorierend kleine Wunder zu vollbringen. Ein halbes Jahr später lebte Flora wie ein völlig normaler Esel mit ganz normal funktionierenden Gelenken mit ihrem neuen Freund und ihrer Mutter in einer kleinen Herde. Sie ist immer noch diese süße, unfassbar starke Persönlichkeit, die das Leben nimmt, wie es ist. Viele Menschen sind dank ihr gewachsen; mich eingeschlossen. Es wurden unzählige Gespräche über sie geführt und sie ist jetzt schon eine kleine Legende.

Wenn mir solche Schicksalsverläufe unterkommen, bin ich immer ganz besonders dankbar. Dankbar, dass es Menschen gibt, die auf ihre Tiere hören. Ich bin sicher, dass diese Eselin ihr ganzes Leben lang eine Lehrerin sein wird für jene, die dem Leben nicht vertrauen. Sie ist pure Liebe. Es wäre einfach unfair und falsch gewesen, über ihren Kopf hinweg zu entscheiden, dass ihr Leben ein kurzes sein sollte. Sie ist eine starke, gleichzeitig unglaublich liebevolle und leichte Persönlichkeit, die wie dafür gemacht ist, solche Lebensumstände zu verarbeiten.

Im Fall von Flora war es neben dem Gespräch mit ihr sehr bedeutsam und wichtig für ihre Heilung, dass ich sie energetisch behandeln konnte. Ich möchte hier nun erzählen, was das bedeutet.

Seit vielen Jahren bin ich „Reiki-Meisterin". Das bedeutet, dass ich eine Ausbildung gemacht habe, in der ich gelernt habe, mit meinem Körper Lebensenergie entweder im direkten Kontakt oder über Distanz zu übermitteln. Das klingt erst mal ähnlich mystisch und merkwürdig, wie dass ich mit Tieren sprechen kann, finde ich. In der Anwendung ist es aber genauso unspektakulär bodenständig und etwas ganz Natürliches. Meinen Tierkommunikationsschülern bringe ich im Profikurs auch bei, wie sie selbst Energiebehandlungen vornehmen.

Genau wie mit Tieren zu sprechen, kann auch jeder lernen, Energiebehandlungen durchzuführen. Manche Menschen müssen dies auch gar nicht lernen, sondern tun es einfach so, immer schon. Sie wissen, dass sie, meist über ihre Handflächen, heilende Energie übertragen können. So war auch mein erster Kontakt damit.

Seit meiner Kindheit hatte ich Knieprobleme. Alles wurde probiert, jegliche ärztliche Behandlung über Operationen, Gymnastik, Punktierungen, Packungen, Bestrahlung, Cortison, Cremes, Akupunktur und anderes wurden ausprobiert. Nichts half, ich hatte eine chronische Knieentzündung. Bis meine Mutter mich zu einem Wunderheiler schickte. Ich war gerade Anfang 20, und damals war mir alles, was nicht absolut handfest war, sehr suspekt. Aber dieser merkwürdige Mann in seinem altmodischen Wohnzimmer, das mit Menschen aller Art vollgestopft war, bat mich auf seinen muffigen Sessel und hielt seine Hände einfach zirka eine halbe Stunde neben mein Knie, er berührte mich nicht einmal.

Danach ging ich wie auf Gummibeinen aus dem Haus. Ich hatte gemeint, zu spüren, wie mein Knie zu kribbeln angefangen hatte. Aber ich war sicher, mir das nur eingebildet zu haben. Mich hatte das alles zutiefst eingeschüchtert und verunsichert. Es gab aber keine andere Möglichkeit mehr, warum sollte ich ihn also nicht seinen Hokuspokus machen lassen?

Nach ein paar Besuchen war mein Knie heil. Jahrelang. Das erste Mal seit mehr als 10 Jahren. Irgendwann ließ die Wirkung nach, aber es wurde nie wieder so schlimm wie vorher.

Als mir Jahre später meine Freundin und spätere Reiki-Lehrerin Maren dann mein Knie behandelte, erkannte ich das gleiche Gefühl dabei: dieses ganz leise, warme, einschläfernde Kribbeln, welches meine Beine ganz weich werden ließ. Als wäre eine Blockade gelöst worden, die dafür sorgte, dass die Entzündung sich auflösen und die Schwellung abklingen konnte. Auch hier war ich noch skeptisch und ließ sie einfach mal machen, ohne etwas zu erwarten. Als ich nach der Behandlung aber kaum mehr sprechen konnte, musste ich mir eingestehen, dass da irgendetwas passiert war. Ich wusste nun auch, dass das, was der Wunderheiler gemacht hatte, auch von anderen Menschen praktiziert wird. Auch dieses Mal wirkte es. Und bis heute ist mir diese Energie immer wieder begegnet, sie wird aber immer anders genannt, je nach Anwendungstechnik: Reiki, Quantenheilung, Healing Code, Reconnective Healing, Healing Touch und so weiter. Auch im Tai Chi spürte ich: Das ist diese immer gleiche, heilende Lebensenergie, die ich da handhabe.

Ich lernte also, mich selbst zu behandeln. Und mein Knie schlug wieder darauf an. Ich lernte außerdem, dass ich andere behandeln kann, sogar über Distanz. Und ähnlich wie in der Tierkommunikation wurde klar, dass eine direkte Behandlung ganz genauso gut und intensiv ist, wie eine über Entfernung. Ich begann, über Distanz zu behandeln. Meist waren es tierische Patienten, die ich in den Tiergesprächen bei Bedarf auch fragte, ob sie so etwas brauchen konnten. Schnell wurde klar, wie gut die Behandlungen ankamen und dass kleine Wunder mit ihnen passieren konnten.

Dennoch war es nicht ganz mein Fall, dies anzubieten. Ich fand einfach, dass ich für eine Behandlung, in der ich nichts tue, außer Energie fließen zu lassen, und bei der ich auch keine Ergebnisse hervorrufen kann wie etwa die Antworten in den Tiergesprächen, ich kaum Geld nehmen dürfte. So waren meine Energiebehandlungen sehr günstig. So günstig, dass ich ständig welche machen sollte. Meine Tage waren damit gefüllt und ich merkte bald: Für meine Arbeit als Tierkommunikatorin, für das Sprechen, bleibt viel zu wenig Zeit.

Also stellte ich die Energiebehandlungen irgendwann ein. Es fühlte sich einfach besser an, meine Termine nur mit Tiergesprächen zu füllen.

Ich behandelte nur noch mich, meine Tiere oder Freunde und Familie. Es fiel mir schwer, nicht jeden Bedürftigen in meinem Bekanntenkreis damit zu versorgen, mich abzugrenzen. Ich konnte und wollte mich auch nicht so recht in der Rolle als „Heilerin" sehen, das war mir zu hoch gegriffen, weil ich doch gar nichts dabei tat. Außer es fließen zu lassen. So war es einfacher, die Sache ruhen zu lassen.

Ich kann gar nicht so genau sagen, was passiert ist, aber vor ein paar Jahren wurde mir auf einmal nachts im Traum klar: Ich muss wieder Energiebehandlungen anbieten. Und kurz darauf bat mich eine Kundin, deren Tiere ich gesprochen hatte, ob ich nicht auch ihr helfen könnte. Ihr ging es schlecht, sie fühlte sich schon lange immer abgeschlagen und am Rande ihrer Kräfte. Ich schlug ihr eine Probebehandlung und einen Behandlungsplan vor. Sie ließ sich darauf ein, und nach zweiwöchiger Behandlung schrieb sie mir frohen Mutes, wie viel besser es ihr gehe und dass ihr Leben sich neu geordnet hätte. Sie habe nun wieder die Kraft, die sie benötige. Bis heute geht es ihr gut.

Seitdem habe ich einige Tiere und Menschen behandelt, die Nachfrage war zeitweise sehr groß. Meine Verfahrensweise ist dabei so, dass ich eine Probebehandlung mache, bei der ich spüre, wie sehr der Behandelte die Energie annimmt. Ich lasse denjenigen am nächsten Tag auch selbst fühlen, wie es ihm geht, und daraufhin schlage ich einen Behandlungsplan vor.

Eine Behandelte war Claudia. Sie kam zum Tierkommunikation-Übungstag zu mir. Mit dem Bus. Sie konnte kein Auto fahren, ihre Schulter war verletzt und stillgelegt. Der ganze Arm war nicht zu gebrauchen. Sie bat mich um Behandlungen, weil die Schulter einfach nicht so recht heilen wollte. Nach sechs Behandlungen kam ihr Feedback: „Der Schulter geht es viel besser, ich habe keine Krankheitsgefühle mehr und die Instabilität hat sich deutlich gebessert, jetzt kann ich damit was anfangen und Stabilitätstraining und vorsichtigen Muskelaufbau beginnen, sogar ein bisschen Dehnung geht. Am besten gefällt mir, dass wieder Leben in einer Sehne ist, von der ich befürchtete, sie könnte abgerissen sein. Ich bin sehr zufrieden mit diesem Ergebnis, das ich in dieser Intensität nicht erwartet hätte."

Heute bekam ich auch die Rückmeldung von einem Pferd mit starker Arthrose, welches schon nicht mehr fressen oder sich bewegen wollte vor Schmerzen, dass es wieder glücklicher ist und sich schmerzfreier bewegt.

Eine Katze, die ich einmal behandelt hatte, war danach aufgewühlt und lief umher. Kurz darauf hatte sie sich hingelegt und war dann sehr müde. Sie hat tief geschlafen nach der Behandlung. Es war ihre erste, und vermutlich fühlte sie sich ähnlich, wie ich damals. Jedes Tier, jeder Mensch empfindet die Behandlungen anders, aber meistens setzt danach eine tiefe Ruhe ein, die müde macht. Deshalb behandele ich am liebsten abends.

Solche Rückmeldungen, von Mensch wie Tier gleichermaßen, berühren mich immer sehr. Ich weiß selbst, wie es ist, ständig mit Schmerzen herumzulaufen oder sich „kaputt" zu fühlen, und bin dankbar, wenn ich als Werkzeug helfen kann, dass ein Körper sich wieder selbst in Balance bringt. Die gespendete Energie ist keinesfalls ein Wundermittel. Es ist ganz einfach Lebensenergie. Also Energie, welche wir alle brauchen, um zu leben, zu heilen, zu sein. Wir haben sie alle, bekommen sie vom Universum, von der Erde, aus der Seele, durch Liebe oder wie auch immer man das nennen mag. Wer sich selbst blockiert, der wird krank. Bekommt Schmerzen, hat fest sitzende Traumata, die sich körperlich äußern und so weiter. Viele von uns fühlen sich dann, als wäre unser Akku leer und nie ganz aufzufüllen. Demjenigen wieder etwas mehr von dieser Lebensenergie zuzuführen, das kann heilend wirken. Selbstheilend. Ich bin nicht die Heilende, sondern nur die Übermittlerin, der Kanal. Die Energie ist auch nicht meine, nicht von mir abgezapft. Ich ziehe sie nur an, lade sie ein, durch mich intensiviert an dieses Wesen, ob tierisch oder menschlich, gerichtet zu werden. Und das tut sie, sehr gerne, sehr liebend und sehr viel, wenn derjenige sie braucht und annehmen möchte. Dann dürfen die Wunder geschehen.

KAPITEL 26

DER BETRUNKENE MEXIKANER

Ganz besonders ist mir die Geschichte eines stolzen Wallachs einer Absolventin der Pferdeflüsterer-Ausbildung im Gedächtnis geblieben. Zu Beginn ihrer Ausbildung nahm sie am Pferdeflüsterer-Basiskurs teil, in dem sie ihr Pferd sprechen ließ. Acht Menschen sind im Basiskurs dabei, die beginnen, das Sprechen mit Pferden zu lernen. Sie alle bringen ein möglichst neutrales Foto ihres Pferdes mit und dann sprechen wir reihum alle gemeinsam mit jeweils einem Pferd. In diesem Kurs hatten die Teilnehmer alles gegeben und sich unbefangen, neugierig und überaus erfolgreich mit neun Pferden unterhalten.

Die Ergebnisse waren erstaunlich, schön, traurig, augenöffnend und auch lustig. Besonders hängen geblieben ist mir davon der Aha-Moment einer der damaligen Teilnehmerinnen. Ich bringe meinen Schülern bei, wirklich und wahrhaftig alles zu sagen, was ihnen im Laufe der Übungsgespräche in den Sinn kommt. Also sprach sie es aus: Der ihr völlig unbekannte Wallach hatte sie in

Gedanken mit zu den Karl-May-Festspielen genommen und ihr ganz begeistert gezeigt, dass er da mitgemacht hätte! Mit Musik und so! Er fand das richtig toll und zeigte sich sehr stolz darüber.

Die Karl-May-Festspiele finden jeden Sommer hier in Norddeutschland statt. Es sind Vorstellungen in einem großen Freilufttheater, in denen Wild-West-Geschichten von dem Autor Karl May mit reitenden Schauspielern dargestellt werden. Pferde sind ein wichtiger Teil davon.

Wir lachten alle über diese lustige Nachricht. Sie klang weit hergeholt und ausgedacht. Wir konnten uns nicht vorstellen, dass dieses Pferd dort mitgespielt hatte. Alles, was wir von diesem Pferd wussten, war der Name, das Alter und seit wann es bei seinem Besitzer lebte. Wir hatten ein Foto seines Kopfes gesehen und dann begonnen.

Alle waren gespannt auf das Feedback, welches die Besitzerin und spätere Absolventin dann auch gern gab: Auf der letzten Weihnachtsfeier des Stalls hatte sie eine kleine Vorführung mit ihrem Wallach gezeigt. Sie war, verkleidet als betrunkener Mexikaner, zu Karl-May-Musik in die Halle geritten und hatte tatsächlich dabei geschauspielert. Der Part des Pferdes war es, ihr dann mit dem Maul einen Lappen aufzuheben, den sie im vermeintlich betrunkenen Zustand fallen gelassen hatte. Er fand sich dabei großartig und es machte ihm einfach Spaß, sich und seine Tricks vor Publikum zu zeigen!

Es ist fantastisch und amüsant, zu welchem Grad unsere Pferde tatsächlich mitbekommen, worüber wir reden, was wir denken, wer wir sind und was passiert. Zwei Dinge nehme ich, auch aus dieser Anekdote, immer wieder mit: Je geliebter sie sich fühlen, je wertschätzender wir mit ihnen umgehen, umso glücklicher sind sie. Jedes auf seine Weise. Und es gibt tatsächlich Pferde, die gern schauspielern und sich vor Publikum zeigen – meist sind das übrigens männliche Pferde.

KAPITEL 27

DIE AUFPASSERIN

Ich erinnere mich auch sehr gut an einen Pferdegesprächstermin vor Ort aus dem vergangenen Winter. Bei diesen Terminen spreche ich am Abend vorher mit dem Pferd und schreibe alles auf. Ich habe dann nur ein Foto des Gesichts des Pferdes und kenne es und seinen Menschen noch nicht persönlich. Das Protokoll unseres Zwiegesprächs bringe ich dann am nächsten Tag mit in den Stall, dort sprechen wir dann zu dritt weiter. Auch nach 11 Jahren Arbeitserfahrung ist es für mich jedes Mal eine kleine Überwindung, den Moment zu erleben, in dem die Menschen neben ihren Pferden stehen, wenn sie sich die Ergebnisse durchlesen. Ich frage mich dann, ob sie wohl etwas damit werden anfangen können, ob sie ihr Pferd wiedererkennen in seinen Antworten, ob sie verstehen, was es da sagt. Es geht zwar jedes Mal gut aus, diese Termine sind eigentlich immer fruchtbar. Und trotzdem ist es manchmal nicht leicht, nicht zu wissen, wer und was mich an was für einem Ort erwartet.

Bei diesem Termin war es ganz besonders so. Die Kundin hatte beschrieben, dass ihre damals arbeitswillige Stute auf einmal nichts mehr machen wollte, direkt stieg und trat, wenn sie mit ihr nur auf den Reitplatz ging. Die Idee lag nahe, dass das Pferd Probleme hatte, vielleicht sogar körperliche. Im Pferdegespräch aber präsentierte sich mir die Stute komplett anders: stark, mütterlich, empathisch, durchsetzungsvermögend, erwachsen, mit beiden Beinen im Leben stehend, gesund. Sie war zutiefst besorgt um ihre beste Freundin, ihre Menschin, und drückte dies aus, indem sie außer sich geriet. Sie fand, dass ihre Menschin so überlastet sei, dass sie kurz vor dem Ausnahmezustand sei. Ihre Menschin bräuchte unbedingt Hilfe und wäre verzweifelt. Sie als Pferd könne so auf keinen Fall an so etwas wie Arbeit mit ihrem Menschen denken, denn Arbeit sei das Letzte, was diese Frau nun noch brauchen würde. Der Stute ging es darum, auf ihre Menschin gut aufzupassen, und sie befand, dass die wichtigste Botschaft für diese Frau sei: „So nicht! Ehe du noch mit mir Energie verbrauchst, schau lieber auf dich. Pass auf dich auf, achte auf dich. So, in deinem Zustand, kann ich nun wirklich nicht mit dir arbeiten! Du fällst sonst bald um. So geht es nicht!" Sie war fast empört vor Sorge.

Ich hatte Bedenken, ob die Frau das so bestätigen und annehmen würde. Es ist theoretisch immer auch möglich, dass ein Pferd übertreibt oder der Mensch eine Situation ganz anders wahrnimmt. Als die Frau das Protokoll gelesen hatte, erzählte sie mir ihre derzeitige Lebenssituation. Ohne zu sehr ins Detail zu gehen, wurde schnell klar, dass sie extrem hohem Druck ausgesetzt ist auf allen Beziehungsebenen und dennoch stark bleibt und sich durcharbeitet, Tag für Tag, in Perfektion. Bei der Arbeit, bei ihrer Nebentätigkeit, in ihrer Partnerschaft, in ihren finanziellen Verpflichtungen, in den häuslichen Verpflichtungen, mit ihren Pferden, mit ihren Familienangehörigen. Sie hatte schon länger täglich Außermenschliches in allen Bereichen geleistet, Großes geschaffen und gehalten und tat nur immer noch mehr. Sie erzählte mir ihre Lebensumstände völlig ruhig, kontrolliert und emotionslos. Auch ihr Umfeld sah völlig aufgeräumt aus. Alles war oberflächlich unter Kontrolle, weil diese Frau übermäßig viel leistete. Sie brauchte mich, um ihr zu sagen, dass andere Menschen in ihrer Situation längst im Burnout angekommen wären. Das Gesagte zeigte sich dann auch deutlich, als wir die Stute auf dem Reitplatz frei ließen. Sie bockte, rannte, schlug aggressiv aus. Sicherte zu allen Seiten, spähte in die Ferne. Blieb uns fern, hatte aber immer ein Ohr bei ihrer Menschin. Es dauerte lange, bis sie aufhörte zu rennen. Wir taten nichts, als dazustehen und sie sich ausdrücken zu lassen. Wir sagten ihr, dass wir wirklich nicht mit ihr arbeiten wollten, sondern nur da seien, um weiterzureden. Erst als ich begann, mit der Frau körperliche Entspannung zu üben, ganz ohne Fokus auf das Pferd, als ich ihr zeigte, sich zu erden, tief zu atmen und dem Pferd immer wieder zu vermitteln, „Ich habe dich gehört, ich habe es verstanden. Du hast Recht. Du kannst zu mir kommen, wenn du es möchtest. Aber du musst nicht", konnte die Stute sich beruhigen.

Irgendwann kam sie zu uns. Es war fast schmerzhaft, ihr bei ihrem Zögern auf dem Weg zu uns zuzusehen. Es war ihr eine riesige Überwindung und gleichzeitig ein riesiges Bedürfnis, bei ihrer Menschin sein zu können. Man sah ihr die ganzen, extremen Emotionen so sehr an. Am Ende folgte die Stute ihrem Menschen frei vom Platz in den Paddock. Dort halfterte die Frau sie auf, um sie aus dem Regen ins Trockene zu holen. Zum ersten Mal seit Wochen wandte sich die Stute ihr dabei zu und schaute ihr liebevoll, freundlich und völlig geschafft entgegen, steckte den Kopf willig ins Halfter und suchte danach die Nähe ihrer Besitzerin, als wir im Trockenen nachbesprachen. Für die Frau war der Groschen gefallen. Die Stute hatte auch Lösungsansätze für ihre Menschin, wie es ihr besser gehen würde im Leben und was zu tun und zu lassen sei. Wer weiß, wo diese Frau ohne ihre heldenhafte Stute geendet wäre. Heute ist sie eine

Schülerin in meiner Pferdeflüsterer-Ausbildung. Sie hat erkannt, was ihr diese Stute für eine Lehrerin ist. Ich bin dankbar für so einen schönen Kundentermin. Pferde sind einfach unbeschreiblich. Meine Liebe ist grenzenlos.

Diese Frau ist eine von vielen Menschen, die ihren emotionalen Ballast jedes Mal zu ihrem Pferd mitbringen, wenn sie es treffen. Das ist, als würde man mit einem Rucksack voller Steine in den Stall gehen und vom Pferd verlangen, dass es in Ordnung ist, wenn wir uns damit bewegen, als brächen wir gleich zusammen. Wenn wir uns damit auch noch aufs Pferd setzen wollen, ziehen manche Pferde die Reißleine. Andere auch schon vorher, so wie die eben beschriebene Stute.

KAPITEL 28

WAS DU FÜR DEIN PFERD TUN KANNST

Je weniger wir uns unser selbst bewusst sind, umso schwieriger machen wir es unseren Pferden. Ja, manchmal wollen viele Steine herumgeschleppt werden, weil es gerade halt nicht anders geht: Bei der Arbeit ist ein sehr anstrengendes Projekt kurz vor dem Abschluss – ein Familienangehöriger ist krank und braucht alle Aufmerksamkeit – ein finanzieller Ruin bedroht die Existenz – die Regierung verbietet Kontakt zu anderen Menschen.

Im Menschenleben passieren häufig belastende Dinge, die wir dann als unsere Angelegenheiten herumschleppen. Doch sehr oft schleppen wir dabei viel zu viel. Denn manchmal haben die damit verbundenen Sorgen wenig bis gar nichts mit der Realität zu tun, sondern vielmehr damit, was wir antizipieren. Also was in der Zukunft liegen könnte. Zum Beispiel „Meine Eltern werden an einem schrecklichen Virus sterben" oder aber „Wenn ich mich nicht übermäßig anstrenge, verliere ich meinen Job" oder „Wenn ich mit meinem Pferd spazieren gehe, erschreckt es sich, reißt sich los und rennt über die Straße". Das ist menschlich und in gewissem Rahmen auch sinnvoll. Jedoch betreiben wir es fast alle in viel zu umfangreichem Maße und vernachlässigen dabei völlig den viel wichtigeren Punkt: das Jetzt. Diesen genauen Moment. Während du das hier liest, sterben deine Eltern gerade nicht an einem Virus und dein Pferd rennt auch nicht auf der Straße herum. Du hattest vermutlich gerade dein Handy in der Hand, ziehst dir damit täglich die neuesten Gedanken der Welt rein und fütterst damit unbewusst auch deine Zukunftsängste. Vielleicht lenkst du dich auch davon ab und schaust dir süße Ponies beim Spielen an. Dann bist du zumindest auf einem guten Weg.

Noch besser: Bleib bei dir. Schau nicht, was andere machen. Auch nicht, was andere zu deiner derzeitigen Situation sagen oder was die Gesellschaft meint, wie du dich verhalten oder was du leisten solltest. Du hast nichts davon, außer deine angstorientierten Gedanken immer weiter zu füttern. Denn deine Situation bleibt im äußeren Rahmen in genau diesem Moment unverändert. Egal, wie sehr du dich gedanklich bemühst, zu überlegen, dich noch mehr dafür anzustrengen. Und dein innerer Rahmen – den bestimmst du. Das ist die gute Nachricht. Du entscheidest, ob du heute schöne Momente erlebst. Du entscheidest, was du in dein System lässt, mit welchen Erfahrungen du deinen Körper, deinen Geist und deine Seele weiter wachsen lässt. Du hast heute schon mindestens eine sehr gute Entscheidung diesbezüglich getroffen, weil du das hier liest. Du bist daran interessiert, mit Pferden in echten, engen Kontakt zu treten und sie nicht nur herumzukommandieren. Das ist eine sehr schöne Ausrichtung, die auch dir und deiner Denkweise dir selbst gegenüber zuträglich ist.

Dein Pferd ist höchstwahrscheinlich ein Meister darin, sich mit den wichtigen Momenten seines Lebens genau dann zu beschäftigen. Es weiß vermutlich sehr gut, welche momentanen Eindrücke es als realistische Bedrohung wahrnehmen sollte und welche nicht. Es bewertet den Moment. Zwar nicht ganz so stumpf, wie viele Pferdemenschen es gern deuten. Jedoch genau so, wie wir es auch tun sollten. Ja, auch ein Pferd weiß um deine derzeitige Krise, denn es liest in deinen Gedanken. Aber dein Pferd weiß auch, dass, wenn du auf zwei Beinen und atmend vor ihm stehst und es begrüßt, es gerade nur einen Anlass gibt, den es leben sollte: Freude. Tu es ihm gleich.

Versuch in deinen besten Möglichkeiten, ganz bewusst immer nur den Moment zu leben. Am besten mit deinem Pferd zusammen. Spür' die Wärme und die Weichheit, wenn du es berührst. Bewundere den Glanz und die Farben des Fells. Nimm die Bewegungen wahr, wenn es kaut, beobachte das Spiel der Ohren und höre, was es hört. Sieh, wie es mit seinen vier festen Hufen unverrückbar auf dem Boden der Tatsachen steht, und fühle in diese gute Erdung hinein. Sag ihm, wie lecker sein Fressen zu sein scheint. Freu dich über die Sonne, die euch beide wärmt. Rieche, was der Wind zu euch trägt, und schaue in die Weite. Genieße den perfekten Moment, zusammen mit deinem Pferd. Sage dir: „Genau jetzt ist alles gut." Übe das. Mit deinem Pferd ist es einfach, allein ist es etwas schwieriger. Aber auch mit deinem Pferd in Gedanken kannst du es versuchen und auch jeder Moment bei dir zu Hause hat vieles, was wahrgenommen und genossen werden möchte. Sinniere über die schönen Kartoffeln, die dampfend auf deinem Teller liegen. Freu dich über das Licht, das durch das Fenster kommt. Spüre den Komfort deines Sofas. Wenn du es schaffst, sei dankbar für all das. Nicht bewertend im Sinne von „Andere haben das nicht, andere liegen gerade im Krankenhaus, und ich …", sondern einfach, wie es ist: „Wow, habe ich ein weiches Sofa. Wie gut, dass ich hier gerade sitzen kann!" Bleib bei dir. Sei wie dein Pferd.

Falls dir all das nicht gelingt, deine Gedanken immer nur um vermeintliche Probleme kreisen oder du sogar nicht bei deinem Pferd sein kannst, dann gibt es immer noch etwas zu tun. Tu deinem Pferd den Gefallen, es immer gut zu informieren. Auch, wenn du meinst, dass dein Pferd rein gar nichts mit der Situation zu tun hat und deshalb auch keinen Anteil daran nimmt. Oder wenn du meinst, dass es besser dran wäre, wenn es nichts davon wüsste. Das stimmt so nicht. Du solltest auch und ganz besonders in Ausnahmesituationen deines Lebens nie vergessen, dass dein Pferd dich sowieso hört, fühlt und sieht. Auch, wenn du nicht da bist. Es weiß, wie besorgt du bist, was für Horrorszenarien und welche Betroffenheit sich in dir abspielen. Es bekommt mit, dass etwas nicht stimmt, und je nach Typ versteht es sogar mehr oder weniger von deiner Situation. Manchmal sogar mehr und besser als du.

In jedem Fall fühlt es mit dir, und wie immer sorgt es sich auch um dich als sein engstes Herdenmitglied. Bitte vergiss das nicht. Dein Pferd sollte gerade in schwierigen Zeiten gut informiert werden, damit es dich und dein Verhalten besser einordnen kann und dir besser zu helfen weiß. Je mehr du es in dein Leben miteinbeziehst, umso besser aufgenommen fühlt es sich. Erkläre ihm einfach, was gerade passiert. So unaufgeregt wie möglich, aber doch ehrlich. Ganz bestimmt brauchst du nicht zu berichten, was Frau Merkel gesagt hat oder wie es um die Weltwirtschaft steht, jedoch unbedingt darüber, dass es dir gutgeht. Darüber, was du tust, damit es dir noch besser gehen wird. Dass du hier und da gerade viel beansprucht bist und auch, dass das anstrengend für dich ist. Aber dass du dich um alles kümmerst und dein Pferd liebst. Erzähl ihm, wie lange die Situation wohl noch so sein wird oder dass du gerade ratlos bist und nun versuchst, aus anderen Quellen Rat zu finden. Oder dass nichts zu tun ist, außer zu warten und sich neuen Umständen unaufgeregt anzupassen. Je weniger du dich jetzt ins Außen reinsteigerst und je mehr du dich auf dein Inneres besinnst und deine Gefühle dazu wahrnimmst, umso besser wird es dir und deinem Pferd gehen –

und auch allen anderen deiner Liebsten. Es deinem Pferd ehrlich zu erzählen, hilft dir auch selbst, den Ist-Zustand besser zu verkraften. Was zählt, sind nicht die anderen oder die äußeren Umstände. Was wirklich zählt, bist zuallererst du und aus welcher Energie du Handlungen vollbringst. Selbstreflektion ist das Stichwort. Bleib bei dir, egal, was kommt – deinem Pferd zuliebe.

Um deinem Pferd zu erzählen, was bei dir alles gerade los ist, musst du die Tierkommunikation nicht beherrschen. Dein Pferd versteht alles, was du sagst. Im Umkehrschluss bedeutet das nicht, dass dein Pferd auch alles macht, was du sagst, und viele Pferde haben sich längst angewöhnt, uns einfach quatschen zu lassen. Dennoch nehmen sie alles davon auf, was für sie relevant ist. Ganz besonders die Dinge, die du bewusst an dein Pferd richtest. Du brauchst dafür nicht mal die Augen zu schließen oder dich sonderlich zu konzentrieren. Es reicht, neben deinem Pferd zu stehen, während es frisst, und einfach verbal alles zu sagen, was zu sagen ist. Du kannst einfach so tun, als würde es dich verstehen, denn so ist es auch.

Wenn du dir Mithilfe oder Mitarbeit in einer Situation von deinem Pferd erhoffst, macht es sogar Sinn, ihm die für alle Beteiligten bestmögliche Version der Situation zu erklären. Als Beispiel: Wenn du ein Pferd hast, mit dem du kaum vom Hof kommst, weil es sich sofort verkrampft und auf dem Ausritt überall Geister sieht, dann erzähle ihm vor Beginn der Situation (also auch schon vor dem Satteln), was du heute machen möchtest. Erkläre ihm, wo ihr langgeht und wie ihr dabei ganz entspannt bleibt. Wie ihr tief atmet, die Natur genießt und leichten Schrittes den Weg geht. Erzähle ihm, an welchen Stellen ihr traben oder galoppieren wollt und wie lange der Ausflug ungefähr dauert. Zuletzt mache deinem Pferd Mut und erkläre ihm, wie stolz und froh du hinterher sein wirst, wenn ihr das geschafft habt. Dass du ganz sicher bist, dass ihr das könnt. Dass euch ein Ausritt guttun wird und warum. Wenn du magst, bitte dein Pferd sogar, dir genau zu zeigen, wenn es von dir Hilfe braucht, um die Situation zu meistern. Mit dieser Technik habe ich schon unzählige, auch meine eigenen, Pferde durch bevorstehende Situationen gesprochen, in denen sie dann tatsächlich die bestmögliche Version dessen durchlebt haben. Umzüge, Zusammenführungen, Tierarztbesuche, Hufschmiedtermine und so weiter – alles wird dadurch leichter. Vergiss dabei aber bitte nicht, dass dein Pferd auch nur ein „Mensch" ist und es immer nur sein Bestes geben kann.

Eventuell verläuft die Situation trotzdem nicht perfekt, weil es einfach irgendwo nicht aus seiner Haut kann. Wenn du diese Praktik aber regelmäßig wiederholst, wirst du deutlich an seinem Verhalten feststellen können, dass es sich mehr bemüht und versucht, es für euch beide leichter zu machen. Sieh genau hin und gib nicht gleich auf, wenn dein Pferd nicht macht, was du gesagt hast. Eure Kommunikation wird sich dadurch schon deutlich verfeinern, obwohl du vielleicht noch nicht bewusst die Antworten deines Pferdes in deinem Kopf hörst.

Wenn du mehr möchtest als das, dann ist es vielleicht eine gute Idee, dir meine Videos anzusehen. Ich habe eine kleine Reihe bei YouTube erstellt, die die Tierkommunikation unkompliziert erklärt und in der du ein erstes, zaghaftes Gespräch mit deinem Pferd selbst ausprobieren kannst. Es gibt auch ein geführtes Pferdegespräch, welches du mit deinem Pferd durchleben kannst. Du wirst dabei aber auf dich selbst gestellt sein. Es sind nur Videos, deren Ergebnis du nicht mit denen anderer Schüler vergleichen kannst. Bitte verurteile dich auf keinen Fall für das Ergebnis deiner ersten Versuche. Manchmal dauert es ein wenig, bis man etwas dabei bemerkt. Wiederhole die Übung dann am besten einfach. Die meisten Menschen, so wie ich, kommen ohne persönliche Anleitung und ohne Teilnahme an einem Kurs nicht wirklich weit. Ich konnte keine Tiergespräche führen, bevor ich mich zur Teilnahme an einem Kurs entschied. Ich hatte einfach zu viele Fragen dazu und war zu durcheinander im Kopf.

KAPITEL 29
DIE TRAURIGE POLOSTUTE

Ich erinnere mich sehr gut an einen Pferdeflüsterer-Basiskurs, in dem eine Stute zu Wort kam. Die Übungsgespräche laufen so ab, dass jeder Kursteilnehmer reihum sein Pferd auf einem Foto in die Runde gibt und dann sprechen alle gleichzeitig mit diesem einen Pferd. Niemand hat es zuvor getroffen, alle kennen nur dieses Foto. Für das Tier ist das nicht anstrengend, das klappt immer gut. Danach sagt jeder, was er vom Pferd mitbekommen hat. Welche Eindrücke er wahrgenommen hat. Die Teilnehmer kennen sich nicht und wissen nichts über das Pferd und seine Lebensverhältnisse. Der jeweilige Besitzer darf vorher nichts erzählen und auch keine Fragen stellen. Wir wollen vorher nur wissen, wie das Pferd heißt, wie alt es ist und wie lange es schon bei dem Menschen lebt.

Dann gibt es ein Foto. Das Bild muss nicht aktuell sein, es muss kein Ganzkörperbild sein, die Augen können auch geschlossen sein. Alle schauen sich das Bild an, danach geht es los. Ich spreche die Leute mittels einer kleinen Ablenkungsgeschichte ganz sanft in die Entspannung, bis sie sich das Pferd gedanklich vorstellen und dann mit ihm innerlich sprechen sollen. Dann ist es für zirka fünf Minuten ganz still im Raum, alle Augen sind geschlossen.

Das Foto der Stute war von schlechter Qualität. Man sah, dass sie gescheckt war, braun-weiß. Ihr Kopf war braun, das Bild ist auf einer schönen Weide entstanden, gegen das Licht fotografiert. Man sah weder ihren genauen Gesichtsausdruck noch die Mähne. Sie sah aus wie ein normales Pferd. Nichts davon verriet, wer sie ist. Dennoch wussten alle Teilnehmer um ihr Schicksal, als sie die Augen wieder öffneten und erzählten, was sie von ihr bekommen hatten:

Alle berichteten, wie introvertiert sie wirkte. Gepeinigt, geschlagen. Eine Teilnehmerin sah einen dreckigen Stall, schlechtes Futter und schlimme Verhältnisse von früher. Alle wussten, dass sie traurig war. „Gepeinigte Seele", „Sie hat mich zu Tränen gerührt", „Sie braucht Zeit, hat kein Vertrauen". Kein Vertrauen, das fiel mehrmals. Sie hatte Angst, zu enttäuschen, trug Wut in sich. Sie mochte nicht berührt werden, fühlte sich allein. Einer Teilnehmerin zeigte die Stute noch, dass ihre Mähne teilweise abrasiert war.

Das alles erzählte sie diesen Menschen, die an diesem Tag zum ersten Mal überhaupt bewusst mit Pferden sprachen. Mir sagte sie noch: „Etwas in mir ist zerbrochen." Und dass sie sich in sich zurückgezogen hat, ihre Trauer festhält. Wie sehr sie das lähmt und dass sie Hilfe möchte. Sie zeigte mir, dass sie ihren Kiefer festhält und versucht, ihn durch Gähnen zu lösen, um dieses beengte Gefühl im Herzen loszulassen.

Danach erzählte die Besitzerin, dass ihre Stute aus Argentinien kommt und ein erfolgreiches Polopferd war. Dass sie nun ihr gehört und auch sie Polo mit ihr reiten will. Aber dass dieses Pferd meistens missmutig ist, traurig, sich abseits hält und ausgelaugt wirkt. Obwohl sie so tolle Fähigkeiten hätte, wenn man mit ihr reitet.

Polopferde sind meist an der Mähne rasiert damit das ganze Leder, zum Beispiel die Zügel, sich nicht am Kopf und am Hals in der

Mähne verwickeln. Polopferde sind meistens sehr drahtig, dünn, am Hals schlecht bemuskelt und schauen aus hohlen Augen wie scheintot in die Welt. Wenn ich eine Rangliste der für das Tier schlimmsten Pferdesportarten machen müsste, wäre Polo unter den ersten drei Plätzen mit dabei.

Der Stute tat es sehr gut, uns von sich erzählen zu können. Neben all der Trauer ist sie ein starkes Wesen, sie hat etwas Mütterliches und ein großes Bedürfnis danach, gut zu sein. Sie leistet viel, weil sie weiß, dass sie es kann. Sie hat einen hohen Anspruch an sich. Dieser Anspruch hat es ihr beschert, dass man sie ausgenutzt hat, bis nichts mehr von ihr übrig war. Dann wurde sie verkauft.

Nachdem wir alle gehört hatten, was dieses Pferd uns sagt, erzählte ich, dass sie kein Einzelfall ist. Dass es vielen Pferden so geht. Und dass dieses ausgebrannte Gefühl in ihr nicht dadurch besser wird, dass man weiter versucht, Leistung aus ihr zu pressen. Sondern dass sie Zeit braucht, nichts tun zu dürfen. Ich empfahl der Frau, das Poloreiten an den Nagel zu hängen und, wenn es an der Zeit ist, die Beziehung zu ihrem Pferd neu zu starten. Das Pferd möchte seine Liebe teilen, es möchte mit seiner Kraft für jemanden da sein. Aber es ist noch nicht bereit. Noch kann sie es nicht.

Nach dem Kurstag hoffte und betete ich, dass etwas bei der Frau ankam. Sie hatte alles aufmerksam angenommen, was ihr Pferd uns gesagt hat, und auch meine Worte sind zu ihr durchgedrungen. Aber ich war nicht sicher, ob es gereicht hatte, um sie wirklich zu überzeugen, ab jetzt für das Pferd da zu sein und nicht umgekehrt zu erwarten, dass es ihren Sportehrgeiz stillt. Auch die Tochter der Frau saß im Kurs, sie ist gerade mal 11 Jahre alt. Vielleicht würde sie ihrer Mutter helfen, das Pferd immer wieder zu verstehen.

Am nächsten Morgen trudelten nach und nach die Kursteilnehmer wieder ein. Sie waren nun nicht mehr skeptisch, sondern freudig, motiviert und nicht mehr so aufgeregt. Die Frau mit der Stute und ihre Tochter kamen direkt zu mir in die Küche, wo ich den Tee vorbereitete. Sie sagte, dass sie heute nach der Pause erst später wieder dazukommen würde, weil die Stute seit dem Vortag nichts gefressen hatte. Sie müsste nach ihr sehen. Die Tochter erzählte mir, dass die Stute seit dem Pferdegespräch mit uns dauernd gegähnt habe. Im Laufe des Tages verband ich mich noch einmal mit dem Pferd und es erzählte mir, dass es gerade einen innerlichen Umbruch durchmache. Die Entscheidung, sich uns mitzuteilen, bedeutete viel für sie. Ab nun würde es anders weitergehen. All das nahm sie sehr mit und belastete sie, auch wenn es ein guter Umbruch war. Es verdarb ihr erst mal den Appetit. Ich sagte der Frau, dass sie ihrer Stute gut zureden solle, wenn sie dort sei, ihr Entspannung signalisieren solle und Geborgenheit. Dass sie ihr sagen solle, dass alles gut wird und sie das gut gemacht hat, mit uns so offen zu sein. Als die Frau wieder zu uns kam, berichtete sie, dass die Stute erst genau in dem Moment angefangen hatte, zu fressen und auch zu koten und zu urinieren, als sie zu ihr in den Stall kam und mit ihr sprach. Vor Erleichterung. Nun fraß sie wieder. Ich schickte ihr Liebe und Anerkennung und versuchte, nach dem Kurs damit abzuschließen. Mehr konnte ich nicht für diese Stute tun.

KAPITEL 30
MOUNAS ÄPFEL

In den ersten 10 Jahren meiner Selbstständigkeit hatte Mouna den festen Job, meinen Schülern das allererste Tiergespräch ihres Lebens zu bescheren. Vor ein paar Jahren gab es wieder einen Basiskurs. Einen Tag zuvor bin ich morgens um acht Uhr auf der riesigen Weide meiner Pferde. Mouna kommt mir bereits entgegengetrabt, bevor ich sie rufen kann. Alle anderen Pferde stehen ganz hinten am Zaun, nur sie kommt an. Sie ist ungewohnt gut drauf und ich denke, dass es daran liegt, dass ich wieder Pläne für unser Zuhause schmiede. Aber dann merke ich, dass es einen viel profaneren Grund gibt: Sie begrüßt mich kurz, dann trabt sie weiter, direkt an mir vorbei zu den Apfelbäumen am Eingang der Weide. Sie schmeißt sich voller Wucht dagegen, kratzt sich genüsslich und schüttelt den vollen Baum, dass es nur so Äpfel prasselt! Sie frisst alle mit Genuss, die ich vor lauter Pferdemuttersorge nicht über den Zaun aus ihrer Reichweite geworfen kriege. Oh Gott, das Pferd kriegt doch eine Kolik! Mouna schert sich nicht drum und stopft sich alles rein, was sie kriegen kann, um mich mit weißem Apfelschaum beschmiertem Maul genüsslich kauend anzugrinsen. Ich schüttele nur den Kopf, schaue in den Baum und mir wird ganz übel, als mir klar wird, dass da so viele Äpfel hängen, dass mein Pferd bald platzen wird. Ich gehe wieder misten und grübele nach, ob ich ihr einen Maulkorb verpassen sollte. Mouna findet das natürlich total unsinnig – sie würde schon drauf achten, nicht zu viel zu fressen. Ich zweifle an ihrer Glaubwürdigkeit.

Einer der Teilnehmer ist ein Mann, der bereits Erfahrung in der Tierkommunikation hat, und wenn er erzählt, was er mit den Tieren bespricht, müssen viele der Teilnehmerinnen lachen. Er macht das ganz frisch und frei von der Leber weg. Am ersten Kurstag ist Mouna also, wie immer, das erste Pferd, das gesprochen wird. Torsten fängt an zu erzählen und sagt: „Mouna hat mir immer so ein Stück ihrer Weide gezeigt, auf dem ein Apfelbaum steht. Sie hat sich die ganze Zeit mit diesen Äpfeln vollgestopft, immer mehr und mehr. Sie stand dort ganz allein. Sie hat mir gezeigt, dass man als Pferd davon Blähungen und Bauchweh bekommt – eigentlich. Aber sie nicht, nicht jetzt. Es würde ihr nichts ausmachen."

Ich musste innerlich sehr lachen. Dieses Pferd … Torsten wusste wirklich nicht mal annähernd, dass sie auf einer Weide mit Apfelbäumen stand und schon gar nicht, was zu viele Äpfel mit Pferden anstellen, er hatte noch nie auch nur ein Pferd berührt. Auch wusste er nicht, dass Madame Mouna zu wissen meint, wie viele sie von den köstlichen Dingern verträgt. Ich kläre ihn auf, er ist ganz baff. Ich bin es auch, wie sehr mein Pferd andere Menschen benutzt, um mich zu überreden, ihr diese Freude bloß nicht zu nehmen.

Hätte ich Fütterungsexperten, Tierärzte, Tierheilpraktiker oder ähnliche Experten gefragt, ob es in Ordnung ist, wenn meine kleine Stute sich mit Äpfeln vollstopft, hätte ich mehr oder weniger lange Abhandlungen darüber zu hören bekommen, was alles passieren könnte und wieso das mehr als ungesund und fahrlässig wäre.

KAPITEL 31
INDIVIDUELLE BEDÜRFNISSE

Die Pferdewelt kennt viele Experten. Jeder scheint zu allen erdenklichen Themen, die das Pferd betreffen, etwas zu sagen zu haben. Die Meinungen der Experten basieren dabei bestenfalls auf vermeintlichem Fachwissen aus Studiengängen, aus Theorien, Erfahrung und Überzeugung. Wenige kommen auf die Idee, dass Pferde so individuell sind wie Menschen. Dass auch Pferde ganz eigene Bedürfnisse haben können, die stark von denen der Artgenossen abweichen können. Dass man die Pferde fragen kann und für eine Antwort nicht zwingend ein Pferdeflüsterer sein muss. Auf alle Fragen im Sinne von: „Braucht mein Pferd eine Decke, ein Gebiss, eine Box, Hufeisen?", gibt es niemals eine generelle Antwort, die für jedes Pferd gilt.

Natürlich sind bestimmte Fakten wichtig als Grundlage jeglicher Entscheidungen in Bezug auf Pferde. Ein Pferd ist ein klares Herdentier und braucht Kontakt zu seinen Artgenossen. Es braucht ebenso ein Mindestmaß an freiem Auslauf, richtiges Futter sowie die Möglichkeit, angemessen zu ruhen. Darüber hinaus scheiden sich die individuellen Bedürfnisse jedoch schneller, als man annehmen mag. Ein Pferd wird heute leider immer noch von der breiten Reitermasse als recht dummes, befehlsempfangendes und ausschließlich instinktorientiertes Tier angesehen. Das Wissen, dass ihr Pferd individuell und sehr deutlich mit ihnen kommuniziert, ist den meisten Leuten schlichtweg aberzogen worden, als sie den Umgang mit Pferden lernten.

Es gibt Pferde, die hassen Decken, denen ist eh warm. Falls sie nicht gerade krank sind, machen ihnen Kälte, Nässe und Wind nichts aus. Milan ist so ein Typ. Er hält ziemlich viel auf sich und er ist tatsächlich ein ganzer Kerl. Er ist von Natur aus sehr robust, hat nie etwas, ist auch ein Dickkopf mit viel Charme. Er steht zu seinem Wort und braucht vor allem Zuverlässigkeit. Er hat einen schweren Knochenbau und geht, wie bereits beschrieben, eher mit dem Kopf durch die Wand, als sich vor etwas zu drücken. Er schmeißt sich in die dreckigste, nasseste Stelle, um sich zu wälzen, und wälzt sich eigentlich immer, wenn er auf eine neue Fläche kommt. Er hält nicht viel von Decken und ist etwas in seiner Würde gekränkt, wenn er eine tragen muss. Ich decke ihn nur ein, wenn es wirklich tagelang durchregnet oder es so klirrend kalt und dabei feucht oder windig ist, dass er murrend zustimmt, dass eine Decke wohl doch ganz gut wäre. Das sind vielleicht vier Tage im Jahr.

Dann gibt es noch die Pferdetypen, die von Natur aus empfindlich sind, so wie Mouna.

Sie ist eigentlich ein robust aussehendes, im Wildtyp stehendes Kleinpferd. Doch als ich sie bekam, wurde sie regelrecht panisch, wenn sie in Nässe ohne Decke stehen musste. Sie begann zu zittern und aufgeregt umherzulaufen. Sie hat mittlerweile fünf oder mehr verschiedene Decken. Einen Winter lang habe ich versucht, sie daran zu gewöhnen, besser ohne Decke auszukommen. Ihr wuchs ordentliches Winterfell, sie stand gut im Futter. Und trotzdem bat sie mich um eine Decke, ihr war kalt. Also bekommt sie eine Decke auf. Sie hat keinen sehr guten Stoffwechsel, ihr Hufe neigten früher zu Brüchigkeit, ihr Fell ist etwas stumpfer und ihre Haut neigt zu Ekzemen und Allergien. Trotz aller erdenklicher Behandlungen diesbezüglich ist und bleibt sie ein empfindliches Pferd, welches ihre Decken braucht. Sie fühlt sich damit geborgener, sicherer und wohler.

Ebenso brauchte Mouna ein paar Jahre lang ihre Hufeisen, weil sie damit einfach weniger Schmerzen beim Laufen hatte. Ohne Eisen ging es ihr schlechter. Anfangs war ich eine überzeigte Barhuf-Anhängerin, weil die rein faktischen Argumente gegen Eisen sehr überzeugend sind. Sie ging vorher jahrelang ohne Eisen, hatte die besten Huforthopäden, keinerlei Fehlstellungen. Sie bekam trotzdem immer wieder Hufgeschwüre, durch Prellungen der Hufsohle verursacht, und lief festgehalten. Irgendwann ließ ich sie auf allen vieren beschlagen. Seitdem lief sie entspannter, fröhlicher, trittfester. Wir hatten nie wieder Probleme mit Hufgeschwüren, sie war mit den Hufeisen ein glücklicheres Pferd als vorher. Milan brauchte wiederum keine Eisen, bekam aber trotzdem welche, weil er gern welche wollte. Er lief zirka zwei Jahre damit und fand es gut, es gab keinerlei Probleme. Bemerkbar machte sich der Vorteil für ihn eigentlich aber nur auf hartem Untergrund mit spitzen Steinchen darauf. Den mied er ohne Eisen, mit Eisen lief er problemlos darüber. Mittlerweile hat er keine Eisen mehr, weil wir woanders wohnen und seltener reiten. Auch ohne Eisen läuft er gut und er findet es in Ordnung so. Er hat unglaublich harte, gute Hufe. Bei ihm sind die Hufeisen eine reine Luxusentscheidung. Auch Mouna hat keine Hufeisen mehr, weil sie sie nicht mehr braucht. Die Brüchigkeit ihrer Hufe ist nicht mehr vorhanden, sie hat sich gut von den ersten Jahren des Mangels in ihrem Leben erholen können. Dennoch war sie sehr dankbar, dass es die Option der Hufeisen für sie gab, als sie sie brauchte.

Eine Zeit lang standen meine Pferde nachts in Boxen. Milan liebte seine Box. Er ist ein Pferd, welches wichtige Aufgaben in seiner Herde übernimmt. Meist übernimmt er die männliche Leitung einer Herde, manchmal teilte er sie sich mit einem Kumpel. Er macht sich viele Gedanken um den Herdenzusammenhalt, um die einzelnen Aufgaben der Pferde und um seine Stute. Er ist ein sehr bemühtes Pferd und ist dankbar, wenn er seinen eigenen Bereich haben kann, in dem er einfach mal abschalten, ruhen und fressen darf. Er weiß die Möglichkeit der Pause von seinen Jobs zu schätzen und steuerte immer schnurstracks seine Box an, wenn man ihn reinließ. Mouna hingegen ist ein sehr freiheitsliebendes Pferd. Sie braucht es, weit sehen zu können. Sie braucht den ständigen Kontakt zu den anderen, um sich wohlzufühlen. Sie kann auch draußen gut abschalten und ruhen. Auch sie ist recht wichtig in einer Herde, aber sie braucht keine Pausen davon. In einer Box arrangiert sie sich zwar, sie geht auch freiwillig hinein. Generell hat sie aber ein beengtes Gefühl darin und bekommt auch körperliche Probleme, wenn sie täglich nicht mehr als acht Stunden Auslauf bekommt.

Es gibt ein paar wenige Dinge, die ich aus allen Pferdegesprächen, die ich geführt habe, für eine Mehrheit der Pferde als wichtig verstanden habe. Über das Bedürfnis nach viel Auslauf mindestens tagsüber, ständigem Futterangebot, guten Ruhemöglichkeiten und den Kontakt zu Artgenossen hinaus gibt es zum Beispiel noch das Bedürfnis nach Weite. Pferde als Herdentiere schützen sich, indem sie die Umgebung wahrnehmen. Mindestens eins der Pferde einer Herde behält die Umgebung im Auge. Je weiter dieses Pferd dabei sehen kann, umso größer ist der gesicherte Bereich. Daraus leitet sich für viele Pferde ab: Je weiter sie blicken können, umso besser können sie sich auch entspannen.

Pferde, die viel innerhalb von Gebäuden stehen oder die auch draußen auf Mauern blicken, sind oftmals unzufriedener und unglücklich, die Weite fehlt ihnen. Es bringt ein gewisses Wohlgefühl, über das Sicherheitsgefühl hinaus, über das Land schauen zu können. Das Gefühl ist ähnlich unserem Gefühl, wenn wir im Urlaub oder zu Hause die gute Aussicht einer schönen Unterkunft genießen. Es entspannt und beglückt Pferde meistens, weit sehen zu können dort, wo sie leben. Je weiter, umso besser. Ein anderes Bedürfnis ist jenes nach genügend Platz zum „Streckemachen", wenn sie sich bewegen wollen. Ein großes, quadratisches Paddock, auf dem aber zu viele Pferde stehen, bedeutet für ein unsicheres Pferd, dass es innerhalb dieses vermeintlich großen Bereiches zu viele mehr oder weniger große Energiefelder der anderen Pferde gibt, die es nicht betreten möchte. Manche Pferde beanspruchen einen Großteil des Paddocks für sich und dulden keine vorbeiflitzenden, spielenden Pferde. So wie ich auch nicht durch eine volle Einkaufsstraße joggen gehen würde, so ist ein Auslauf für ein Pferd meist nicht ausreichend, um sich wirklich auszuleben. Manchmal ist ein langer, schmalerer Bereich oder sogar ein Paddocktrail, also ein Rundlauf, einladender, mal richtig Gas zu geben und die Muskeln zu beanspruchen. Viele Pferde brauchen so viel Platz, dass sie mit vier bis sechs Galoppsprüngen beschleunigen und dann noch mindestens weitere sechs Galoppsprünge laufen wollen, bevor sie langsam wieder auslaufen, ohne umzudrehen. Die meisten Winterpaddocks geben diesen Platz gar nicht her. Das ist der Hauptgrund, warum viele Pferde im Winter unruhiger und weniger gut zu händeln oder zu reiten sind: Es fehlt ihnen genug Freilauf.

Beim Reiten gibt es auch etwas, das für Pferde wichtig ist, die nicht aus ehrgeizigen Gründen reiten. Also Pferde, die nicht darauf aus sind, auf Turnieren oder bei anderen Herausforderungen gute Leistung zu zeigen oder körperliche Lektionen gemeinsam mit ihrem Reiter zu erlernen. Denn solche gibt es auch. Aber für Pferde, die nur aus Spaß und für gemeinsame Qualitätszeit reiten möchten, gelten ein paar Dinge:

Sättel drücken fast immer und werden damit als unangenehm empfunden. Nur ganz wenige Sättel werden als wirklich passend empfunden, deutlich unter 10 Prozent. Auch wenn mehrere Sattler für viele Tausende Euro den angeblich wirklich passenden Sattel gebaut haben, der auch noch augenscheinlich „richtig" aufliegt, passiert es immer wieder, dass mir die Pferde aber sagen: Er drückt. Es scheint keine gute Idee zu sein, ein starres Konstrukt auf einen sich bewegenden Körper zu legen. Egal, wie gut gepolstert, Sättel haben einen Baum. Dieser Baum ist starr. Ein Körper ändert sich täglich. Schon ein leicht gezerrter Muskel im Hinterbein kann eine andere Laufhaltung erzeugen, sodass der Rücken des Pferdes sich heute ganz anders verhält und die Muskeln anders arbeiten als gestern. Aber meistens sind es nicht mal so minimale Dinge, sondern meistens drückt der Sattel ständig. Sättel wurden für Menschen gemacht. Sie sind ursprünglich dazu gut gewesen, um Soldaten in Schlachten auf dem Pferd sicherer zu machen. Auch wenn es unendliche Abhandlungen und Ausdrücke wie „Wirbelsäulenfreiheit" oder „Druckverteilung" gibt: Noch kein Pferd hat zu mir gesagt, dass es Wirbelsäulenfreiheit oder bessere Druckverteilung bräuchte, wenn sein Mensch mit einem Reitpad auf ihm reitet. Es fühlt sich für die meisten Pferde sogar schöner so an, weil der Menschenkörper sich dann in der Pferdebewegung mitbewegt, so kann andauernder Druck im Gegensatz zum Reiten mit Sattel vermieden werden. Das Reiten mit einem Pad ist ein ganz anderes als das mit Sattel. Der Reiter darf hierbei die hart antrainierte „korrekte" Reithaltung und den „Sitz" aufgeben und einfach so entspannt wie möglich dasitzen, um es dem Pferd leicht zu machen.

Viele Pferde berichten, dass, wenn der Reiter beim Reiten mit Pad versucht, sich in einer besonderen Haltung auf dem Pferd zu positionieren, das nur stören würde. Ein angespannter Körper trägt sich unangenehmer als ein entspannter, der sich der eigenen Bewegung anpasst. Die Beine sollten einfach nur hängen gelassen werden und das Becken darf mitschwingen. Für viele Reiter fühlt sich das erst einmal komisch und unsicher an. Für viele Pferde übrigens auch. Gebt euch Zeit, euch daran zu gewöhnen. Tatsächlich ist es aber sicherer als das Reiten mit Sattel.

Im Falle eines Sturzes kommt man schneller und unkomplizierter unten an, das Hängenbleiben im Steigbügel oder Ähnliches wird vermieden. Außerdem ist ein entspannter, mit einem anderen Körper in der Bewegung mitschwingender Körper weniger anfällig für Stürze, wenn das Pferd sich erschreckt. Denn auch die unvorhergesehenen Bewegungen werden in der Entspannung automatisch mitverfolgt. Man „fließt" dann einfach mit, wenn das Pferd zur Seite springt. Für die Reiter ist es meistens hilfreich, einen flexiblen Halsring (einen Strick oder einen breiten Zügel kann man dafür nehmen) zu benutzen, um sich festhalten zu können, wenn das Pferd losläuft, oder auch um sich besser in die Bewegung zu ziehen, wenn man noch ungeübt ist. Manchmal hilft es anfangs auch, sich dazu zurückzulehnen, dann schwingt das Becken besser mit.

Sehr viele Pferde empfinden solches Reiten als schöner als das angespannte Reiten mit starren Sätteln. Es ist schmerzfreier und bringt mehr Freude. Das Gefühl, seinen Reiter wirklich zu tragen, ist größer. Die Selbstbestimmung über die Körperhaltung ist größer. Die Verbindung zwischen Mensch und Pferd wird hierbei intensiver.

Viele Pferde beschweren sich in Bezug auf Reiten über verstärkende Mittel wie Sporen. Ein Pferd ist genauso empfindsam wie ein Mensch. Es fühlt mit seinem Fell so, wie wir mit unserer Haut. Sporen verursachen Schmerzen. Selbst Bereiter oder Reiter aus hohen Sportbereichen reiten mit Sporen so, dass es den Pferden wehtut, auch wenn sie selbst das so niemals sehen würden. Nur ein ganz winzig kleiner Teil aller Reiter hat ein so ruhiges Bein und eine so minimale Hilfe, dass das Pferd den Sporn kaum merkt. Du gehörst wahrscheinlich nicht dazu. Und selbst dann sind Sporen eine ausgesprochene Schmerzandrohung und eben keine angebliche Verdeutlichung von Hilfen. Ein Sporn in den Rippen tut weh, die Benutzung von Sporen wird von 99 Prozent aller Reiter im Laufe eines Rittes mehrmals zu Schmerzen führen. Punkt.

Wer feine Hilfen geben möchte, reitet ohne Sporen und mit einer guten, eigenen Körperwahrnehmung und Balance. Auch Gerten sind eine Androhung von Schmerzen, die Pferde sehr wohl verstehen und deshalb versuchen, noch zügiger und gehorsamer auszuführen, was verlangt wird. Es ist nicht okay, Sporen oder Gerten zu benutzen, auch wenn man sie vermeintlich nicht einsetzt, um das Pferd aus Menschensicht Lektionen oder andere Anforderungen besser ausführen zu lassen. Wenn ein Pferd nur mit Sporen richtig läuft oder Dinge ausführt, gibt es nur eins zu tun: absteigen. Ihm eine Pause geben. Nachfragen, warum es unmotiviert läuft. Und dann eine gemeinsame Lösung finden.

Ausbinder und eng verschnallte Schnüre am Pferd (außer dem Sattelgurt) sind ebenso unangenehm und nicht hilfreich für die Pferdegesundheit. Die Idee, Ausbinder würden das Pferd in die richtige Haltung bringen, ist schlichtweg falsch und fahrlässig. Stell dir kurz vor, jemand würde dir zum Joggen etwas anziehen, das verhindert, dass deine Schultern nach vorn fallen. Eine Lederschnürung mit fester Fixierung. Du hättest nach 20 Minuten Joggen in der vermeintlich korrekten Haltung Schmerzen. Dein Körper würde versuchen, gegen den Zug gegenzuhalten oder sich in den Zug zu hängen, er könnte gar nicht anders. Die richtigen Muskeln würden sich dadurch nicht bilden, sondern sogar gegenteilig ungünstig beansprucht werden. Die ganze Idee macht überhaupt keinen Sinn, sondern dient nur dem äußeren Bild oder dem Gefügigmachen des Pferdes. Ausbinder verursachen Schmerzen, Muskelkater an den falschen Stellen und Verspannungen.

Zu enge Schnüre am Kopf drücken die Luftzufuhr und die Blutversorgung ab. Bitte lass den Sperrriemen weg, ein Pferd muss seinen Kiefer und sein gesamtes Maul bewegen können, um gesund geritten werden zu können.

Je mehr Druck die Ausrüstung dem Pferd macht und je weniger gut es ohne beim Reiten vorangeht, umso mehr solltest du dich und dein Pferd fragen, warum es nur mit so viel Equipment das macht, was du willst. Und dann änderst du die Ursachen und kommst neu ins Gespräch mit deinem Pferd, wie es für euch beide angenehm gehen kann. Denn Reiten ist keine Selbstverständlichkeit, sondern ein Privileg, das du dir über eine gute Beziehung zu deinem Pferd erarbeiten kannst. Wenn ihr keinen für beide vertretbaren Weg findet, dann sollte auch nicht geritten werden.

Die meisten Pferde, die gern reiten, tragen ihren Menschen gern, um gemeinsam schöne Dinge zu erleben. Andere Menschen werden nicht so gern oder überhaupt gar nicht gern getragen. Fast alle Reitschulpferde oder therapeutisch eingesetzten Reitpferde machen ihren Job mindestens ungern oder aber leiden sogar körperlich und seelisch massiv darunter. Dasselbe gilt für Sportpferde, denen eine enge Bezugsperson fehlt und die wechselnde Reiter haben. Sehr viele Pferde würden es bevorzugen, weniger bewegt zu werden und sich stattdessen mehr selbst bewegen zu dürfen, ohne Reiter.

Den meisten von uns ist es abhanden gekommen, wahrzunehmen, was die individuellen Bedürfnisse unserer Pferde sind. Es fällt uns schwer, unser vermeintliches Fachwissen mal eben hintenanzustellen oder in Frage zu stellen. Viele trauen sich nicht, ihrem Pferd ins Gesicht zu blicken, um zu bemerken, ob es überhaupt gerade einverstanden ist mit dem, was wir mit ihm tun. So wird es uns beigebracht. Jemand unterrichtet uns darin, wie man mit Pferden umgehen sollte, manchmal sogar ungefragt. Man möchte nichts falsch machen und folgt den Überzeugungen, denen die meisten folgen oder die irgendwie Sinn machen in unserem Kopf. Doch was wäre, wenn wir einfach die Fachleute schlechthin fragen würden: unsere Pferde? Dazu braucht es Mut und eine neue Herangehensweise an das Verhältnis zum Pferd. Es ist ganz anders als das, was wir kennen. Bisher haben wir einfach agiert. Wir sind es gewohnt, Entscheidungen für unsere Pferde zu treffen.

Wir entscheiden alles für sie: was sie fressen, wann sie fressen, wohin sie gehen, wie sie aussehen, was sie tun, mit wem sie leben, wie sie medizinisch versorgt werden, womit sie sich beschäftigen. Wir erwarten sogar, dass sie sich so verhalten, wie wir es für richtig halten. Es geht so weit, dass wir meinen, zu wissen, wie genau sie sich bewegen sollten. So haben wir es gelernt. Kein anderes Tier wird in der Menschenwelt so weitgehend manipuliert und benutzt, wie das Pferd.

Dieses Verhältnis, das wir zu ihm haben, kann selten nur eine echte Freundschaft sein, wenn sie so einseitig bleibt. Das Mindeste, was wir unseren Pferden geben sollten, ist absolute Verlässlichkeit. Wir sollten sie wissen lassen, dass wir immer für sie sorgen, immer für sie da sein und sie immer lieben werden. Denn wir sind es auch, die sich ausgesucht haben, dieses Pferd in die absolute Abhängigkeit zu uns zu bringen, und die bestimmt haben, wie genau diese aussieht.

KAPITEL 32

VERKAUFSPFERDE

Es gibt viele blinde Flecken in der Wahrnehmung von Menschen, die mit Pferden zu tun haben. Ein sehr großer blinder Fleck liegt auf dem Fakt, dass Pferde oft herumgereicht werden wie Wanderpokale und was das mit ihnen macht. Selten dringt ins Bewusstsein der Menschen vor, dass ein mehrfacher Wechsel des Zuhauses und der Bezugsperson auch bei Pferden ein Trauma auslöst. Bei anderen Menschen und Tieren ist das Bewusstsein dafür präsenter: Man weiß, dass ein Hund, der beispielsweise schon drei Zuhause hatte, vermutlich eine Geschichte mitbringt, die von einschneidenden Erlebnissen geprägt ist, und dass er sich auch dementsprechend geprägt verhält.

Bei Pferden wird das schnell übersehen. Aus irgendeinem Grund denkt man gemeinhin, Pferde würden damit klarkommen oder es würde ihnen zumindest nichts ausmachen, durch mehrere Hände gegangen zu sein, ehe sie bei demjenigen ankommen, der sie, bestenfalls fertig ausgebildet und halbwegs erwachsen, endlich ins Vollzeit-Pferdeleben mitnimmt. Ein „fertiges Pferd" hat in der Regel ein zu frühes Absetzen von der Mutter erlebt, durfte dann ohne erwachsene Autoritäten oder bekannte Familienmitglieder mit gleichaltrigen, ebenfalls traumatisierten Jungpferden aufwachsen. Dann wird es, meistens ebenfalls zu früh, angeritten oder „fertig" ausgebildet. Diese Ausbildung läuft in der Regel zu schnell und zu intensiv ab, denn Zeit ist Geld und das Pferd soll natürlich möglichst jung und weit ausgebildet an einen Käufer gehen. In der Ausbildung erleben die wenigsten Pferde einen liebevollen Umgang mit Bezug zu einem Menschen, der mit ihm im Dialog steht und eine Bindung eingeht. Jemand, der schaut, ob und wie es bereit ist, den Anforderungen gerecht zu werden. Meist gibt es ein klar definiertes Ziel, und wer dieses nicht erreicht, wird aussortiert.

Das Produkt dieses Vorgehens sind, grob aufgeteilt, zwei Phänomene:

1. **Das im Selbstbewusstsein gebrochene Pferd.** Dieses Pferd hat versagt und es nicht geschafft, den Anforderungen des Ausbilders gerecht zu werden, es wird vom Besitzer verkauft. Meist landen solche Pferde in den Händen von (unerfahrenen) Privatpersonen, bei denen das Pferd zwar endlich ankommen darf, dann aber psychisch bedingt einbricht. Nach der Odyssee der Ortswechsel und aufgrund der fehlenden Beziehungen zu anderen Pferden und Menschen, die Sicherheit in der Aufwuchsphase vermitteln konnten, und ganz besonders aufgrund der Erfahrung, nicht genügt zu haben, kann so ein Pferd nun nicht mehr. Wenn es Glück hat, darf es bei seinem Menschen bleiben. Vermutlich aber wird es wieder verkauft, weil der Mensch meint, es würde „einfach nicht passen", und nicht versteht, wieso das Pferd nicht einfach machen kann, was man möchte, oder wieso es ständig krank ist.

2. **Das professionelle Reitpferd.** Einige wenige Pferde haben es geschafft, sich nach dieser fehlenden Sicherheit in ihrer Aufwuchsphase selbst zu bewahren und zu lernen, dass sie ein Leben zumindest

voller Achtung und Aufmerksamkeit leben dürfen, solange sie die Erwartungen der Menschen erfüllen. Solche Pferde werten sich über ihre Leistung auf und leben ihr menschenbezogenes Leben im Arbeitsmodus. Sie erfahren zwar oftmals durch ihre Leistungsbereitschaft innige Beziehungen zu ihren Menschen, jedoch basieren diese immer nur auf ihrer Leistungsfähigkeit. Beim Einbruch dieser wäre ihr Leben wieder in Gefahr und auch das ist ihnen bekannt.

Beide Pferdetypen erleben darüber hinaus meistens, dass sich die Leistungsanforderung nicht nur auf die eine Person, den Besitzer, bezieht. Sondern dass sie auch für andere Menschen Erwartungen zu erfüllen haben, wie beispielsweise Bereiter, Reitbeteiligungen, Kinder, Kunden, Schüler, Sportreiter usw. Die meisten Pferde würden liebend gern darauf verzichten, von unterschiedlichen Menschen benutzt zu werden. Selbst, wenn diese es nur gut mit ihnen meinen.

Selbstverständlich sind dies nur zwei Beispiele, zwischen denen es alle möglichen Varianten gibt. Aus unzähligen Pferdegesprächen in über 12 Jahren hat sich aber dieses Bild als sehr häufig vorkommend abgezeichnet.

Es ist wichtig, einmal zu betrachten, dass es Pferden durchaus bewusst ist, wie man sie einschätzt oder warum man sie verkauft. Von einem Pferd zu erwarten, dass es nach mehreren Wechseln in komplett neue Leben mit komplett neuen Bezugspersonen (tierische und menschliche) und Anforderungen, irgendwie noch funktioniert oder erfüllt, was man erwartet, ist illusorisch und unmenschlich.

Die meisten Pferde durchbrechen diesen Kreislauf aus Unsicherheit und Anforderungen niemals. Sie leben damit, dass ihr Leben, wie sie es heute kennen, morgen komplett vorbei sein kann. Sie leben damit, dass sie keine echten, liebevollen Bindungen zu anderen Pferden oder Menschen eingehen können, weil ihnen die Sicherheit eines geschützten Zuhauses und das Versprechen, bleiben zu dürfen, einfach fehlt. Sie leben damit, zu hoffen, den Anforderungen von morgen irgendwie gerecht zu werden. Darüber stumpfen die meisten Pferde ab, leben nur zweckmäßge Beziehungen oder aber werden so krank, dass sie ihr Leben vorzeitig beenden dürfen.

Es ist Zeit, dass wir lernen, Pferde als fühlende, soziale Wesen wahrzunehmen, die bei uns sind, um eine liebevolle Bindung mit uns einzugehen. So wie andere Tiere auch. Für ein Pferd ist der Mensch ein nahestehendes Familienmitglied. Sich ein Pferd anzuschaffen, bedeutet, ein Versprechen einzulösen: Du gehörst nun offiziell zu mir und ich werde alles tun, damit es dir bei mir gutgeht. Du gehörst zu meiner Familie und wirst meinen Schutz auf Lebenszeit beanspruchen. Alles, was wir gemeinsam tun, passiert im Einverständnis von beiden, so wie es in jeder guten Freundschaft ist. Wir gehen den Weg gemeinsam.

Wer hierzu nicht bereit ist, sollte seine Einstellung zu Pferden dringend überdenken.

Für mich ist und bleibt die Grundidee hinter einer guten Beziehung zu meinem Pferd: gemeinsam durch dick und dünn zu gehen. Bis zum letzten Atemzug. Denn wie sonst soll man sich überhaupt hingeben können? Als Pferd oder Mensch?

Im Optimalfall verstehen wir ansatzweise, was sie wollen, und versuchen, es ihnen so schön wie möglich zu machen. Aber ganz ehrlich: Keine Weide ist groß genug, kein Ausritt schön genug, kein Stall ist perfekt. Und das ist in Ordnung. Wir geben unser Bestes und das Pferd gibt seins.

Dennoch: Das Verhältnis bleibt unausgeglichen. Wer vergisst, dass das Pferd der abhängige Part in unserer vermeintlich schönen Beziehung ist, schaut bewusst weg. Wer vergisst, dass er sein Pferd bei einem Verkauf theoretisch in die Hölle liefern kann, hat in meinen Augen nichts von wahrer Freundschaft verstanden. Kaum ein Mensch kann für dein Pferd das tun, was du für dein Pferd tun kannst. Und kein anderes Pferd kann das für dich tun, was dein Pferd für dich tut.

Deshalb ist es bei dir. Das gilt für alle Tiere, die mit Menschen leben. Wenn du so weit bist, das zu verstehen, dann gehörst du zu den wenigen Menschen, die beginnen, ihr Pferd, ihr Tier, wirklich zu sehen. Und wenn du es verkaufst, dann gibst du einem anderen Menschen die Macht, alles mit deinem Tier zu tun, was ihm gerade in den Sinn kommt. Selbst wenn dieser Mensch es erst mal gut meint. Auch er kann das Pferd weiterverkaufen und du kannst gar nichts dagegen tun. Außerdem wissen wir ja, was Menschen alles so in den Sinn kommen kann, ganz besonders im Reitsport.

Pferde gehen wie selbstverständlich durch viele Hände, jedes Mal bricht für sie dabei ihre Welt zusammen und eine neue wird mühsam errichtet. Dein Pferd zu verkaufen, heißt alle Verantwortung abzugeben und es ins Ungewisse zu schicken. Selbst wenn man nett klingende Verträge abschließt, so hat sich rechtlich gesehen herausgestellt, dass ein Verkauf immer bedeutet, keinerlei Rechte mehr an dem zu haben, was dem Pferd widerfährt. Es gibt keinen Schutz.

Wenn ich meine Pferde als meine Freunde, meine Familie angenommen habe und sie dann verkaufe, in ein neues Abhängigkeitsverhältnis gebe, welches völlig außerhalb meiner Kontrolle liegt, dann habe ich auf ganzer Linie versagt. Vielleicht geht es irgendwann nicht mehr anders, weil ich nicht mehr allein lebensfähig bin, bankrott oder verrückt. Dann ist es so und ich muss damit leben, so wie auch meine Pferde. Und vielleicht haben sie Glück und haben es besser ohne mich danach. Wahrscheinlicher ist, dass sie Pech haben, dass sie dieses Trauma des Abgegebenwerdens niemals überwinden und niemand ihnen jemals die Sicherheit gibt, dass sie willkommen sind, so, wie sie sind. Solange ich lebe und irgendwie funktioniere, ist es meine Pflicht, für meine Pferde da zu sein. So haben wir es uns ausgesucht.

Vielleicht braucht man zum besseren Verständnis einen guten Vergleich aus dem Menschenbereich. Eine Partnerschaft zwischen

Erwachsenen ist kein guter Vergleich. Weil im Falle einer Trennung beide selbst entscheiden können, wohin sie gehen, was sie tun und mit wem sie sich umgeben. Wenn es da nicht mehr passt, geht man eben getrennte Wege.

Das Pferd kann das nicht. Es ist abhängig von seinem „Besitzer". Wie ein Kind. Stell dir vor, du hast ein Kind. Und nach sieben Jahren schöner Bindung fällt dir ein, dass es andere Bereiche in deinem Leben gibt, die gerade wichtiger sind. Job, Studium, Partnerschaft. Du suchst Gründe, warum du dich dem jetzt widmen musst, und du findest welche. „Ich kann ihm nicht mehr gerecht werden." Du gibst dein Kind woanders ab, wo es augenscheinlich gut aufgehoben ist. „Ja, wer weiß, was bei dieser Frau gerade alles los ist? Sie wird ihre Gründe haben, das Kind wegzugeben. Ich wünsche ihr alles Gute …", sagt wer? Niemand. Denn alle haben verstanden, dass, wenn du ein Kind bekommst, du allein dafür verantwortlich bist. Auch wenn du deswegen dein Studium oder deinen Job oder deine Wohnung oder deinen Partner aufgeben musst oder Hartz-4-Empfängerin wirst. Alle wissen: Es wird schon gehen, irgendeinen Weg wird es geben. Denn du liebst dein Kind und du würdest es niemals abgeben. Es gehört zu dir, es ist deine Familie und die Familie hat immer Priorität.

Jeder Vergleich hinkt irgendwie und natürlich gibt es Unterschiede zwischen dem Verhältnis zu einem Kind oder zu einem Pferd. Aber auch dein Pferd ist bei dir, weil es dich braucht, weil es dich liebt. Auch dein Pferd ist dein Familienmitglied, ganz egal, in welchem Verhältnis ihr bis jetzt zueinander steht. Es hat einen Sinn, dass du dich mal dafür entschieden hast, mit ihm zu sein. Es ist von dir und deinen Entscheidungen zu 100 Prozent abhängig, so wie ein Kind. Bitte enttäusche es nicht. Es ist leichter, in die Opferhaltung zu gehen, man könne sein Pferd nicht mehr behalten und sich der Verantwortung zu entledigen. Es ist schwieriger und unbequemer, an seinem Pferd und der gegenseitigen Verantwortung zu wachsen und die

Größe zu entwickeln, für es da zu sein bis ans Ende seiner Tage. Wofür sind wir hier? Um Ausreden zu finden oder um zu wachsen? Ein Pferd bringt Wachstum mit.

Viele Menschen fragen mich, ob es auch Pferde gibt, die im Pferdegespräch mitteilen, dass sie gar nicht bei ihrem Menschen bleiben möchten, und die darum bitten, weggegeben zu werden. Man kann sich das vorstellen, aber in der Realität kommt dieser Fall äußerst selten vor. Es ist, als würde man dich fragen, ob du eine neue Identität möchtest. Ein ganz neues Leben, mit neuen Freunden, Familienangehörigen, an einem fremden Ort, mit einem neuen Job und einem neuen Chef. Nichts davon darfst du dir aussuchen, und falls du wenigstens vorher gefragt und informiert wirst, weißt du nicht einmal, ob die Versprechungen realistisch sind. Du würdest vermutlich wählen, dein bisheriges Schicksal so gut wie möglich weiterzuleben, und dich dafür entscheiden. Du würdest im Gespräch die Chance nutzen, die Bindung zu deiner Familie eher zu stärken. Ganz egal, wie problembehaftet sie ist. So geht es den Pferden meistens. Dass wirklich der Fall eintritt, dass ein Pferd behutsam ein neues Zuhause finden möchte, soll und darf, weil es für alle Beteiligten nicht mehr passt, dass ist in deutlich weniger als einem Prozent aller Gesprächssituationen der Fall. Meistens sind das Fälle, in denen das Pferd gefühlt schon längst zu seiner Bezugsperson gehört, die aber noch nicht der rechtmäßige Besitzer ist. Pferdeverkäufe werden hingegen fast immer zur Bequemlichkeit und aus mangelnder Verantwortung des Menschen durchgeführt. Dass die Menschen sich damit selbst gar keinen Gefallen tun und ihr Pferd damit traumatisieren, wissen viele in dem Moment nicht.

Die Entscheidung getroffen zu haben, dass man bis ans Ende aller Tage mit seinem Pferd zusammenbleiben wird, bewegt sehr viel für die Beziehung. Sehr oft begegnet mir in den Pferdegesprächen, dass Probleme aus einer gewissen Unsicherheit entstehen, ob man überhaupt ankommen darf. Wenn Mensch und Pferd zusammenkommen und sich herausstellt, dass alles gar nicht so einfach ist und dass man großen Herausforderungen entgegensieht, dann sind Menschen oft unsicher, ob sie dieses Pferd überhaupt behalten können. Auch das Pferd spürt diese Unsicherheit in Bezug auf sich selbst. Es wurde bereits mindestens einmal abgegeben und nun erlebt es, dass es den Ansprüchen dieses Menschen (auch wieder) nicht gerecht werden kann. Das erzeugt minderwertiges Selbstvertrauen beim Pferd. Es hört in den menschlichen Gedanken, dass auch der Mensch nicht weiß, wie es weitergehen soll. Beide sind ratlos, beide sind unsicher, beide haben Angst davor, sich zueinander zu bekennen. Beide fühlen sich unfähig.

Es ist wichtig, dass wir uns als Menschen und Verantwortliche klar werden, dass es in unserer Hand liegt, diesen Teufelskreis der Unsicherheit zu durchbrechen. Ich meine damit nicht, dass wir auf Horsemanship-Seminare gehen müssen, um ein dominanter Führer zu werden. Sondern ich meine, dass wir innerlich eine Entscheidung füreinander treffen sollten. Noch bevor wir wissen, wo die Reise hingehen soll oder wie man sie bewältigen wird. Es braucht ein Versprechen im Sinne von: „Egal, was kommt: Du bleibst bei mir. Ich werde immer für dich sorgen und mich mit dem arrangieren, was ist. Du kannst dich auf mich verlassen." Erst wenn dieser Raum geöffnet ist, können viele Pferde überhaupt erst einmal dort ankommen, wo sie nun leben. Entspannte, glückliche Pferde entstehen nicht durch gutes Training oder erfolgreiches Einnorden, sondern durch Verlässlichkeit des Menschen. Durch das sichere Wissen: Hier gehöre ich hin. Diese Aufgabe ist deine erste, wenn du dir ein Pferd anschaffst. Du musst den ersten Schritt tun, dich voll und ganz, bedingungslos, für dein Pferd zu entscheiden, bevor du irgendetwas von ihm erwartest. Nur dann öffnest du den Raum, in dem ihr euch entwickeln könnt.

KAPITEL 33

DER SCHÖNE MOMENT

Wenn du nicht weißt, wie das gehen soll, dann kann ein erster Schritt sein, die Übung des Im-Moment-Seins immer wieder auszuführen, wenn du bei deinem Pferd bist. Sieh seine Perfektion, wenn es frisst und dasteht. Lausche dem Wind und den Vögeln, erfreue dich an dem Moment, lausche den Geräuschen und genieße den Duft deines Pferdes. Wisse: Jetzt gerade ist alles gut. Falls deine Gedanken dann aber wieder in zukünftige, optionale Ereignisse driften, die du antizipierst, dann gehe einen Schritt weiter und denke etwas im Sinne von: ist halt so.

Ja, es mag viele Probleme und Unsicherheiten geben, vielleicht ist es gefährlich und angstmachend, was mit euch passieren könnte. Aber du kannst es eh gerade nicht ändern. Erkenne an, dass es ist, wie es ist. Den Ist-Zustand anzuerkennen, ist ein weiterer Schlüssel, um mit seinem Pferd besser zu harmonisieren. Manchmal verausgaben wir uns übermäßig, um zum gewünschten Zustand zu gelangen. Solange wir den nicht erreicht haben, sind wir sicher, nur noch nicht genug geschafft oder geleistet zu haben, und dass das jetzt so noch falsch ist. Nicht gut genug. Also machen wir weiter, immer den Ist-Zustand als unvollkommen ansehend. Für das Pferd ist das sehr anstrengend, es fühlt sich immer genauso falsch wie das, was du fühlst, wenn du es ansiehst. Es ist enorm hilfreich, genau das jetzt aber zu akzeptieren. Dein Pferd geht durch Zäune? Ist halt so. Du bist gut versichert. Du wirst es nicht davon abhalten können, das zu tun. Also akzeptiere das mögliche Drama, was damit einhergeht. Du wirst es überleben.

Wenn du den Ist-Zustand akzeptierst, dann schenkst du deinem Pferd damit ein Gefühl des Okay-Seins. Es ist in Ordnung, wie es ist. Ja, es hat Probleme, und vielleicht wünscht ihr euch beide etwas anderes. Aber genau jetzt ist es eben so. Und das ist gut so. Sonst wäre es ja nicht. Dieser Moment gehört zu eurem Prozess. Du darfst dich also gleich schon mal entspannen und akzeptieren, was ist. Vielleicht schaffst du es dann, die Perfektion des Momentes zu spüren. Die Wertung aus dem Zustand zu nehmen und anzuerkennen, dass das Leben schon weiß, was es tut. Das große Bild ist perfekt. Dein Pferd ist perfekt. Du bist perfekt. Alles hat einen Sinn und gehört so, damit ihr euren Lebensweg geht. Zufälle gibt es nicht, das gilt leider auch für die negativen Ereignisse im Leben. Ihr seid hier, um aneinander zu wachsen und gemeinsam den Sinn des Lebens zu erlernen. Darüber darfst du dich freuen. Am besten immer dann, wenn du dein Pferd ansiehst.

Tiere können das oftmals gut. Uns daran erinnern, dass wir eigentlich schon perfekt sind. Dass wir diese Rucksäcke voller Ballast, zu denen wir im Laufe unseres Lebens gern immer wieder irgendwelche Steine hinzufügen, einfach absetzen können. Denn alles, was wir brauchen, ist bereits in uns. Alles, was wir sind, ist bereits perfekt. Der Schlüssel zum Glück ist es, das zu verstehen.

Nicht jedes Pferd ist immer nur glücklich, nicht jedes Pferd weiß immer um den schönen Moment. Aber wenn du ihm das Gefühl schenkst, dass es richtig ist, so wie es ist, dann wird es immer mehr schöne Momente erleben dürfen. So wie Milan auch seinen Rucksack trug, so tragen viele traumatisierte Pferde herum, was vorher war. Manche brauchen einfach Zeit. Doch die meisten von ihnen wissen, was zählt: nämlich, was jetzt ist. Ich habe mal mit einer Stute gesprochen, die aus einer schlimmen Zucht kam. Die ersten sieben Jahre ihres Lebens verbrachte sie in einem winzigen Verschlag in einer Scheune und bekam immer wieder Fohlen, bis ihr Körper nicht mehr konnte. Sie wurde gerettet und lebt heute in einer sehr liebevollen Familie. Als ich sie fragte, wie es ihr gehen würde, sagte sie: „Hervorragend. Ich bin so ein Glückspferd! Diese Menschen sind unglaublich liebevoll und es gibt nichts Schöneres, als jeden Tag in dieser Liebe aufzuwachen." Auf meine Nachfrage, ob sie denn nicht von dem, was früher war, sehr belastet sei, sagte sie: „Es war schlimm, aber es ist vorbei. Ich lebe lieber im Hier und Jetzt, damit ich nichts verpasse von all dem Glück. Es geht nur darum, diese Liebe jetzt zu erleben. Wie könnte es mir da schlecht gehen?"

Ich liebe solche Pferdegespräche. Sie erinnern mich daran, wie einfach es ist, glücklich zu sein. Es ist vor allem die Entscheidung, alle belastenden Gedanken aus der Vergangenheit und über die Zukunft wegzulassen. Das eine lässt sich nicht mehr ändern und das andere liegt eh viel weniger in meiner Hand, als ich immer dachte. Warum also mich damit plagen? Solche Pferde wie diese Stute sind meine Vorbilder. Sie sorgen sich weniger darum, ob sie morgen noch genug haben oder was sie noch erreichen müssen, um gut zu sein. Sie sind bereits perfekt und dankbar für das, was jetzt ist. Nimm dir ein Beispiel an ihnen und du wirst sehen, wie viel schöner dein Leben wird.

KAPITEL 34
PFERDE VERSTEHEN ALLES

Ich möchte dir eine Sache abschließend mit auf den Weg mit deinem Pferd geben. Pferde verstehen alles. Sie bekommen mit, was du denkst, wie es dir geht, mit wem du dich umgibst, wie es auf deiner Arbeit ist. Sie verstehen manche Dinge falsch, überinterpretieren oder bekommen es in den falschen Hals, so wie wir Menschen auch. Aber grundsätzlich versteht dein Pferd alles, was du denkst, sagst und ausstrahlst. Du brauchst dich nicht zu verkopfen mit Theorien darüber, wie Pferde denken oder ticken. Sie denken wie du und ich, bloß als Pferd. Das bedeutet, dass du ihnen auch immer alles mitteilen kannst. Sag deinem Pferd, wenn es dir nicht so gut geht. Teile ihm mit, wieso das gerade so ist, und dann erkläre auch, was du tust, damit es bald wieder schöner ist in eurem Leben. Lass dein Pferd Anteil haben an dem, was dich bewegt. Natürlich solltest du es nicht als emotionalen Mülleimer benutzen und immer nur deine Sorgen bei ihm abladen, sondern du solltest ganz bewusst auch über die schönen Dinge reden und darüber, wie sehr du dein Pferd liebst. Aber generell ist es wichtig, zu verstehen, dass alles bei deinem Pferd ankommt. Du brauchst kein Pferdeflüsterer zu sein, um mit deinem Pferd zu sprechen. Vielleicht fällt es dir etwas schwer, alles zu verstehen, was es sagt, aber in jedem Fall versteht dein Pferd tatsächlich das, was du ihm mitteilst.

Du kannst auch Wünsche formulieren, dabei solltest du unbedingt darauf achten, die positive Version der gewünschten Situation zu formulieren. Also so etwas wie „Ich würde gern ganz entspannt mit dir ausreiten und voller Freude völlig gelassen mit dir durch den Wald galoppieren" anstatt „Beim Ausreiten wäre es gut, wenn du nicht immer so zappelig und nervös wärst und dich im Galopp nicht so viel erschrecken würdest". Du kannst das ganz einfach verbal machen und mit ihm reden, während du bei ihm bist. Es geht aber auch über Distanz. Dafür setzt du dich einfach zu Hause hin, schließt die Augen, atmest ein paar Mal ruhig durch und entspannst deinen Körper. Dann denkst du an dein Pferd, holst es vor dein inneres Auge oder denkst einfach seinen Namen. Und dann legst du los und sagst ihm gedanklich, was du sagen möchtest. So kommt es immer, egal wie viele Selbstzweifel du hegst, bei deinem Pferd an. Es wird dankbar sein dafür, dass du es zu einem noch größeren Teil deines Lebens machst.

ZUM WEITERLESEN

Binder, Sybille Luise: **Die Flucht der Trakehner**; KOSMOS 2019
Trakehnen im Sommer 1944. Auf dem berühmten Gestüt trifft
man Vorbereitungen für die Flucht. Jesco von Esten, gerade schwer
verletzt aus dem Krieg zurückgekehrt, soll eine 50-köpfige Tra-
kehner Stutenherde nach Westen bringen. Auf dem Rücken seines
Hengstes Preußenlied führt er seinen Treck bei eisiger Kälte über
das gefrorene frische Haff… Hochspannend und mit historischen
Fakten schildert Sibylle Luise Binder die legendäre Flucht der
Trakehner, auf der Pferde und Menschen sich gegenseitig das
Leben retteten und zu einer Einheit wurden.

Jones, Janet L.: **Horse Brain – Human Brain**, Erkenntnisse aus der
Neurowissenschaft – Wie Pferd & Mensch denken, fühlen, handeln;
KOSMOS 2022
Wahrnehmen, fühlen, denken, handeln: Das Gehirn steuert das
Verhalten – beim Pferd ebenso wie beim Menschen. Doch Pferde
nehmen die Welt ganz anders wahr, als wir es tun: Sie sehen und
hören andere Dinge und nutzen verstärkt Sinne, die bei uns Menschen weniger ausgeprägt sind. Die Neurowissenschaftlerin und
erfolgreiche Trainerin Janet Jones erklärt, welche Gemeinsamkei-
ten und Unterschiede es in Aufbau und Funktion des Gehirns bei
Mensch und Pferd gibt und wie wir dieses Wissen anwenden
können, um die Welt mit den Augen des Pferdes zu sehen.

Kutsch, Andrea: **Aus dem Blickwinkel des Pferdes**, Neue Wege in der
Ausbildung; KOSMOS 2019
Mit der von Andrea Kutsch entwickelten EBEC-Methode (Evidence
Based Equine Communication) ist es erstmals möglich, die Pers-

pektive des Pferdes einzunehmen. In diesem Buch beschreibt sie die neuesten Erkenntnisse über Pferdeverhalten und erläutert die Anwendung ihrer wissenschaftlich basierten Methoden in der Praxis.

Lubetzki, Marc: **Im Kreis der Herde**, Von wilden Pferden lernen; KOSMOS 2019
Tierfilmer Marc Lubetzki beobachtet und filmt seit 2012 ausschließlich Wildpferde. Während der Dreharbeiten wird er selbst Teil der Herde. Wie er das Vertrauen der Tiere gewinnt, und welche Schlüsse er aus seinen einzigartigen Beobachtungen zieht, beschreibt er in diesem Buch. Es gelingt ihm, Missverständnisse wie z. B. die Leithengst-Lüge aufzuklären und dadurch neue Anregungen für die Haltung und den Umgang mit Hauspferden zu geben.

Lubetzki, Marc: **Im Gespräch mit wilden Pferden**, Natürlich kommunizieren – die Koniks machen es uns vor; KOSMOS 2022
Im zweiten Buch des Tierfilmers Marc Lubetzki liegt der Schwerpunkt auf der Entschlüsselung der Pferdesprache und Kommunikation. Es zeigt, wie dem Autor die Annäherung an die frei lebenden Koniks und ein vertrauensvoller Austausch mit ihnen gelingt. Die Grundlage einer natürlichen Kommunikation mit Pferden sind die fünf verschiedenen Ebenen einer Beziehung, die sich auch auf unsere Hauspferde übertragen lassen.

Wilsie, Sharon/Vogel, Gretchen: **Sprachkurs Pferd**, Pferdesprache lernen in 12 Schritten; KOSMOS 2018
Jedes Zucken von Ohr oder Nüster, jede Bewegung des Pferdes hat eine Bedeutung. Pferde reden mit uns, doch die meiste Zeit übersehen wir diese Signale. Mit diesem Übersetzungshelfer lernen wir, die Sprache unserer Pferde zu verstehen und uns mit ihnen so zu unterhalten, dass sie unsere Wünsche verstehen und sich verstanden fühlen.

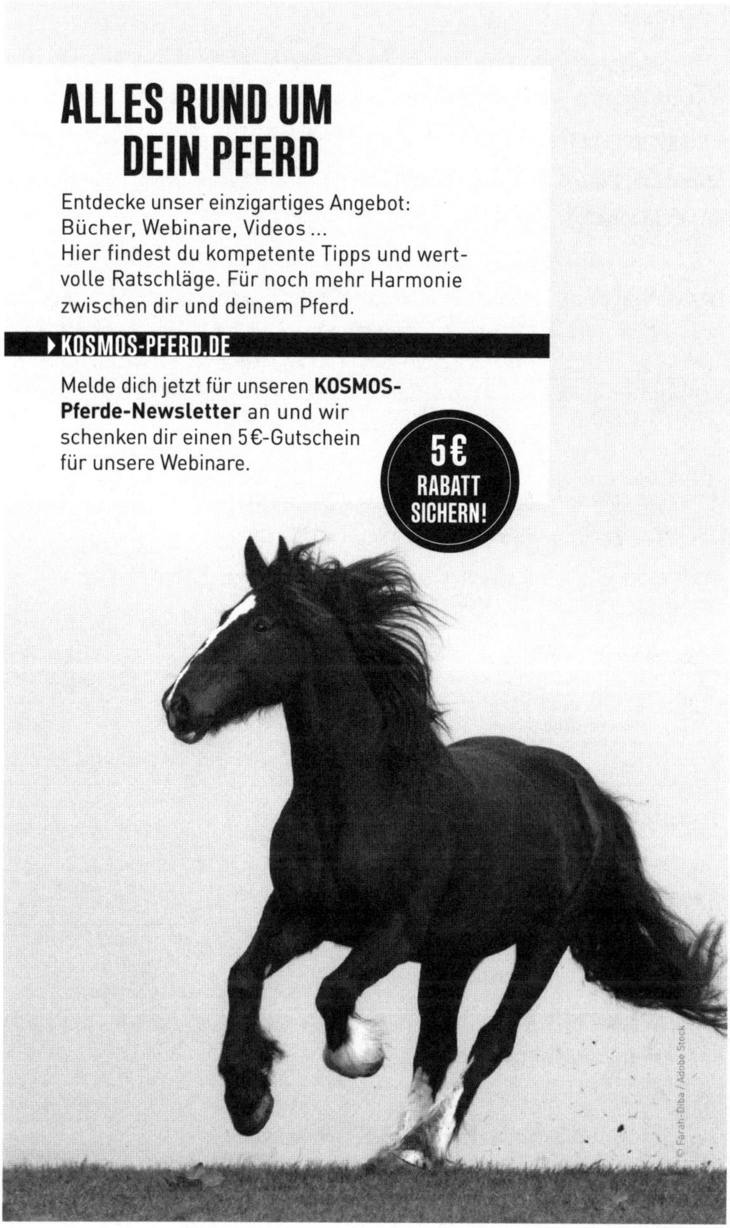
ALLES RUND UM DEIN PFERD
Entdecke unser einzigartiges Angebot: Bücher, Webinare, Videos ...
Hier findest du kompetente Tipps und wertvolle Ratschläge. Für noch mehr Harmonie zwischen dir und deinem Pferd.
KOSMOS-PFERD.DE
Melde dich jetzt für unseren KOSMOS-Pferde-Newsletter an und wir schenken dir einen 5€-Gutschein für unsere Webinare.
5€ RABATT SICHERN!
© Farah-Diba / Adobe Stock

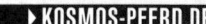

Impressum

Umschlaggestaltung von GRAMISCI Editorial Design, Isabelle Fischer, München, unter Verwendung eines Farbfotos von Melina Mörsdorf (Umschlagvorderseite), vier Farbfotos von Martin Hlavac (Umschlagrückseite, Außenklappen, Innenklappe) und drei Farbfotos von Archiv Catherin Seib (Innenklappe).

Alle Angaben in diesem Buch sind sorgfältig erwogen und geprüft. Sorgfalt bei der Umsetzung ist jedoch geboten. Verlag und Autorin übernehmen keinerlei Haftung für Personen-, Sach- oder Vermögensschäden, die im Zusammenhang mit der Anwendung und Umsetzung entstehen könnten.

Unser gesamtes Programm finden Sie unter **kosmos.de**
Über Neuigkeiten informieren Sie regelmäßig unsere
Newsletter, einfach anmelden unter **kosmos.de/newsletter**

Gedruckt auf chlorfrei gebleichtem Papier

© 2022, Franckh-Kosmos Verlags-GmbH & Co. KG,
Pfizerstraße 5–7, 70184 Stuttgart
Alle Rechte vorbehalten
ISBN: 978-3-440-17450-0
Redaktion: Alexandra Haungs
Produktion: Claudia Frank
Gestaltung und Satz: DOPPELPUNKT, Stuttgart
Druck und Bindung: Friedrich Pusted GmbH & Co. KG, Regensburg
Printed in Germany / Imprimé en Allemagne